农业专家大讲堂系列

实用养兔技术一本通

史维军 王国华 耿光瑞 主编

U0201234

化学工业出版社

·北京·

图书在版编目（CIP）数据

实用养兔技术一本通/史维军，王国华，耿光瑞主编.
北京：化学工业出版社，2013.5 （2025.2重印）
（农业专家大讲堂系列）
ISBN 978-7-122-17012-5

Ⅰ.①实… Ⅱ.①史…②王…③耿… Ⅲ.①兔-饲
养管理 Ⅳ.①S829.1

中国版本图书馆 CIP 数据核字（2013）第 074843 号

责任编辑：邵桂林　　　　　　文字编辑：王新辉
责任校对：边　涛　　　　　　装帧设计：史利平

出版发行：化学工业出版社（北京市东城区青年湖南街 13 号　邮政编码 100011）
印　　装：河北延风印务有限公司
850mm×1168mm　1/32　印张 6¾　字数 187 千字
2025 年 2 月北京第 1 版第 12 次印刷

购书咨询：010-64518888　　　　售后服务：010-64518899
网　　址：http://www.cip.com.cn
凡购买本书，如有缺损质量问题，本社销售中心负责调换。

定　　价：20.00 元　　　　　　版权所有　违者必究

前　言

　　中国是农业大国，随着时代的发展，人们对农业技术越来越重视。对于广大的农户来说，他们非常希望能够得到专家的指导，踏上科技致富之路。

　　中央一号文件连续九年聚焦"三农"，这是新中国成立以来中央文件对农业科技进行的全面部署，文件中强调要加强教育科技培训，全面造就新型农业农村人才队伍。农民是社会主义新农村建设的中坚力量，实现农业现代化，需要千千万万高素质的农业劳动者，需要培育和造就一批有文化、懂科学、善经营的新型农民。

　　农业专家大讲堂系列图书是专为农村基层读者和农业科技工作者编写的，涉及农业种植、养殖和农产品加工等方面，是一套专业、实用、通俗易懂的农业科技丛书！

　　《实用养兔技术一本通》是农业专家大讲堂系列之中的一本。

　　家兔是节粮型的草食小家畜，家兔产品是我国传统的出口商品，在国际市场享有盛誉；我国是世界养兔大国，发展市场经济以来，养兔业得到快速发展，但目前仍以农村副业式生产为主体，养兔的技术水平，以及养兔的效益相对较低。要提高养兔总体生产水平，必须采用科学的管理手段和先进的技术措施，使养兔业逐步向标准化、规模化、产业化方向发展。

　　本书结合我国目前养兔生产的特点，以及今后养兔生产的发展，以提高养兔生产效率和经济效益为主线，侧重养兔的实践操作，力求语言通俗易懂。书中系统阐述了家兔的主要品种及其特征、兔饲料的营养及其调制、家兔的饲养与管理、家兔的繁殖与选育、家兔疾病的预防与治疗、兔场的环境卫生与控制、兔场的设计与经营管理，以及肉兔的无公害生产技术，突出养兔生产关键环节的实用技术、措施和方法。

本书旨在普及和提高一线生产人员的家兔饲养管理水平，尽量做到兼顾实用性、通俗性和科学性，在编写过程中也参考了有关书籍，在此对书籍的作者谨致深切的敬意。由于编者水平有限，疏漏之处在所难免，希望读者批评指正。

编　者

目录

第一讲　家兔的品种

第十讲　无公害家兔生产技术　188

附录　198

参考文献　201

第一讲

家兔的品种

本讲的知识要点:

- ✓ 家兔与野兔的区别
- ✓ 家兔品种的分类
- ✓ 国内外著名家兔品种的介绍

一、家兔品种的分类

(一) 家兔在动物学上的分类

根据家兔的起源、生物学特征和解剖特征,家兔分类为:动物界、脊椎动物门、脊椎动物亚门、哺乳纲、兔形目、兔科、兔亚科、穴兔属、穴兔种、家兔变种。

现今人们饲养的各种家兔,都是由野兔驯化和培育而来的。在分类学上,人们将野兔分两类:一类称穴兔,另一类为旷兔。家兔是由穴兔驯化的;而分布在我国的各种野兔都为旷兔,不是家兔的祖先,存在着较大的差异(见表1-1)。

(二) 家兔按经济类型分类

根据家兔主要产品的经济用途,可将家兔分为以下几种。

(1) 肉用兔 以兔肉为主要产品的家兔,该类型兔具有生长速度快、饲料报酬高、屠宰率高、肉质好等优点,是兔肉生产的主体。代表品种有新西兰兔和加利福尼亚兔。

表 1-1　家兔与野兔的区别

分类	家兔(穴兔)	野兔(旷兔)
生活习性	夜行性、穴居性、群居性	昼夜活动、不打洞、单独行动
繁殖特点	产仔较多(窝产 6～7 只)、四季繁殖、初生仔兔无被毛、闭眼、无行走能力,妊娠期 30 天	产仔数少(窝产 2～3 只)、秋季繁殖、初生仔兔全被毛、睁眼、能自由活动,妊娠期 40 天
染色体数	44	48
饲养实践	易驯化,适合人工养殖	不易驯化,不适合人工养殖

（2）皮用兔　以兔皮为主要产品的家兔,该类型兔具有显著的被毛优势,能制作许多裘皮制品。代表品种有力克斯兔,因被毛与水獭皮相似,所以也称獭兔,其被毛特点：短、平、密、细、轻、美、柔、牢。

（3）毛用兔　以产兔毛为主要产品的家兔,该类型兔毛生长速度快,饲料转化为兔毛的效率高,一年可多次剪毛,兔毛可制作多种毛纺制品。目前,世界上所有的毛用兔都属于安哥拉毛兔,因各国在培养过程中的方法、途径和方向不同,形成了不同的品系,如中国粗毛型安哥拉兔、法系安哥拉兔、德系安哥拉兔、英系安哥拉兔。

（4）实验用兔　以适用于生物医学实验为主的家兔,该类型兔要求被毛白色、大耳型、耳血管清晰（便于注射和采血）、体质类型属细致清秀、遗传性能稳定、体型中等。代表品种有日本大耳白兔、新西兰白兔。

（5）皮肉兼用兔　指生产兔皮、兔肉价值都较高的家兔,代表品种有青紫蓝兔和塞北兔。

(三)家兔按毛纤维长度分类

根据兔毛纤维的长度,可将家兔分为以下几种。

（1）长毛型兔　毛纤维长度在 10 厘米以上,被毛生长速度快,一年可多次剪毛,被毛以绒毛为主,安哥拉兔属于此类型。

（2）标准毛型兔　毛纤维长度中等,在 3～3.5 厘米,粗毛和绒毛比例相当,粗毛覆盖绒毛,所有的肉用兔和皮肉兼用兔属于此类型。

(3) 短毛型兔　兔毛纤维短、密度大、毛纤维长度在 1.5～2.0 厘米，粗毛不出锋，被毛整齐，獭兔属于这种类型。

(四)家兔按个体大小分类

根据家兔成年体重的大小，可将家兔分为以下几种。

(1) 大型兔　成年体重 5 千克以上，如法国公羊兔、德国花巨兔。

(2) 中型兔　成年体重 3～5 千克，如新西兰白兔、日本大耳白兔。

(3) 小型兔　成年体重 3 千克以下，如中国白兔。

二、肉用兔品种

(一) 新西兰兔

原产地美国，是目前世界著名的肉用兔品种之一。在世界各国广泛饲养，有白色、红色和黑色 3 个变种，其中新西兰白兔最为著名，深受世界各地养殖者的欢迎。

(1) 外貌特征　全身被毛纯白色，眼球为粉红色，头宽圆而粗短，耳朵短小，宽厚直立，腰肋丰满，后躯发达，属于典型的肉用兔体型，四肢较短，脚毛丰厚，适合笼养。

(2) 生产性能　早期生长发育快，饲料报酬高，肉质好，在良好的饲养管理条件下，2 月龄体重可达 2 千克，2.5 月龄体重可达 2.5 千克，饲料报酬为 (3.0～3.3)：1，屠宰率 52%～55%，肉质细嫩，平均每胎产仔 7～8 只，耐频密繁殖，平均年产 7～8 窝。

(3) 适应性能　该兔适应我国大多数地区饲养，易于风土驯化，性情温驯，易于管理，抗病力强，适合集约化笼养，是良好的杂交亲本，但不适合粗放饲养。

(二) 加利福尼亚兔

加利福尼亚兔原产美国加利福尼亚州，是世界著名专门化的中型肉兔品种。我国多次从美国等国家引进，表现良好。

（1）外貌特征　体躯被毛白色，耳、鼻端、四肢下部和尾部为黑褐色，俗称"八点黑"。眼睛红色，颈粗短，耳小直立，体型中等，前躯及后躯发育良好，肌肉丰满。绒毛丰厚，皮肤紧凑，秀丽美观。"八点黑"是该品种的典型特征。其颜色的浓淡程度有以下规律：出生后为白色，1月龄色浅，3月龄特征明显，老龄兔逐渐变淡；冬季色深，夏季色浅，春秋换毛季节出现沙环或沙斑；营养良好则色深，营养不良则色浅；室内饲养色深，长期室外饲养，日光经常照射则变浅；在寒冷的北部地区色深，气温较高的南部地区变浅；有些个体色深，有的个体色浅，而且均可遗传给后代。

（2）生产性能　早期生长速度快，产肉性能好，2月龄体重1.5～1.8千克，3月龄体重2.2～2.5千克，成年兔平均体重3.5～4.5千克，屠宰率52％～54％，肉质鲜嫩；适应性广，抗病力强，性情温驯。繁殖力强，泌乳力高，母性好，产仔均匀，发育良好。一般胎均产仔7～8只，年可产仔6～8窝。

（3）适应性能　加利福尼亚兔的遗传性稳定，易于风土驯化，在我国的表现良好，尤其是早期生长速度快、早熟、抗病、繁殖力高、遗传性稳定等，深受各地养殖者的喜爱。该兔适于营养较高的精料型饲料，是良好的杂交亲本。

（三）丹麦白兔

该兔原产于丹麦，又称兰特力斯兔，是著名的中型皮肉兼用品种。

（1）外貌特征　丹麦兔被毛纯白，柔软紧密；眼红色，头较大，耳较小、宽厚而直立，口鼻端钝圆，额宽而隆起，颈粗短，背腰宽平，臀部丰满，体型匀称，肌肉发达，四肢较细；母兔颌下有肉髯。

（2）生产性能　该兔体型中等，2月龄体重达1.5～1.8千克，3月龄体重2.3～2.5千克，成年体重3.5～4.5千克，繁殖力高，平均每胎产仔7～8只，平均年繁殖6～8胎。

（3）适应性能　丹麦白兔耐粗饲，抗病力强，性情温驯，适合我国北方地区饲养。

（四）日本大耳白兔

原产于日本，是由中国白兔和日本兔杂交选育而成，又名日本白兔，因在培育中注重耳朵的选择，故称日本大耳白兔，我国各地均有饲养。

（1）外貌特征　日本大耳白兔全身被毛白色，浓密柔软，额宽、面丰，眼红色，颈粗，母兔颈下有肉髯，耳大、耳根细、耳端尖、形同柳叶、向后竖立、耳薄、血管网明显，适于注射与采血，是理想的试验研究用兔。

（2）生产性能　繁殖力高，年产6～8窝，每窝产仔8～10只。初生仔兔平均重60克，母兔泌乳量大，母性好。生长迅速，2月龄体重平均1.4千克，4月龄体重3.0千克，成年重平均4.0千克。

（3）适应性能　日本大耳白兔耐粗饲，体格强健，耐寒，适应性强，体型较大，生长发育较快，抗病力强，性情温驯，适合我国各地饲养。该品种容易退化，生产中应注重本品种的选育。

（五）比利时兔

比利时兔又称巨灰兔，是英国育种家用原产于比利时贝韦伦一带的野生穴兔改良而成的。在我国各地分布较广，是理想的皮肉兼用兔。

（1）外貌特征　比利时兔外貌酷似野兔，被毛深红带黄褐或深褐色，整根毛的两端色深，中间色浅，是典型的三段毛。体格健壮，头似"马头"，颊部突出，额宽圆，鼻梁隆起，颈粗短，肉髯不发达，眼黑色，耳较长，耳尖有光亮的黑色毛边，尾内侧黑色，体躯较长，后躯较高，四肢粗大，胸腹紧凑，被毛质地坚韧，紧贴体表，腿长，体躯离地较高，被誉为兔中的"竞走马"。

（2）生产性能　比利时兔骨较细，肌肉丰满，肉质细嫩，成年体重3.5～4.0千克，体型较大的成年体重5.5～6千克，最高的可达9千克。该兔生长发育较快，3月龄重2.8～3.2千克。繁殖性能一般，年产5～6窝，每窝平均产仔6～7只，母兔泌乳力较高，仔兔30日龄断奶重为0.6～0.75千克。屠宰率高，肉质好，其皮张利用价值较高。

（3）适应性能　比利时兔适应性强，耐粗饲，遗传性稳定，是理想的杂交母本。因其体型较大且性情活泼好动，笼养易患脚皮炎。

（六）青紫蓝兔

青紫蓝兔是一个优良的皮肉兼用品种，是法国育种家用蓝色贝韦伦兔、嘎伦兔和喜马拉雅兔杂交育成的，因毛色和青紫蓝兽相似而得名。本品在世界上分布很广。它有三个不同的类型：标准型（小型）、美国型（中型）和巨型，除体重有差别，其毛色、体型一致，整体被毛为灰蓝色。在我国的东北和华北均有饲养。

（1）外貌特征　青紫蓝兔被毛蓝灰色，每根毛纤维自基部向上分为 5 段，即深灰色—乳白色—珠灰色—雪白色—黑色，在微风吹动下，其被毛呈现旋涡，轮转遍体，甚为美观。耳尖及尾面黑色，眼圈、尾底及腹部白色，腹毛基部淡灰色。青紫蓝兔外貌匀称，头适中，颜面较长，嘴钝圆，耳中等、直立而稍向两侧倾斜，眼圆大、呈茶褐色或蓝色，体质健壮，四肢粗大。

（2）生产性能　标准青紫蓝兔体型较小，成年母兔重 2.7～3.6 千克，公兔 2.5～3.4 千克。美国型青紫蓝兔体型中等，成年母兔重 4.5～5.4 千克，公兔 4.1～5.0 千克。巨型青紫蓝兔，成年母兔重 5.9～7.3 千克，公兔 5.4～6.8 千克。青紫蓝兔体质强，适应性强，性情温驯，生长快；繁殖力和泌乳力都较好，每窝产仔 6～8 头，初生体重约为 45 克，40 天体重可达 0.9～1.0 千克，90天体重为 2.2～2.3 千克。

青紫蓝兔已引入我国半个多世纪，完全适应了我国各地的气候条件，耐粗饲，深受欢迎，分布较广，尤以其皮张的天然色更受市场青睐。

（七）公羊兔

公羊兔又名垂耳兔，是一个大型肉用品种。公羊兔因其两耳长宽而下垂，头型似公羊而得名。

（1）**外貌特征** 被毛颜色以黄色者居多。头粗糙，眼小，颈短，背腰宽，臀圆，骨粗，体质疏松肥大。性情温驯，反应迟钝，不爱活动，属于典型的肉用兔体型。

（2）**生产性能** 早期生长发育快，40 天断奶重可达 1.5 千克，90 天平均体重 2.5～2.75 千克，成年体重 6～8 千克，最高者可达 9～10 千克。耐粗饲抗病力强，易于饲养。其繁殖性能低，主要表现在受胎率低，哺育仔兔性能差，产仔少。

（3）**适应性能** 本品种耐粗饲，性情温驯，应激反应较小，不爱活动，易于饲养。该品种兔与比利时兔杂交，效果较好，两者都属大型兔，被毛颜色比较一致，杂交一代生长发育快，抗病力强，经济效益高。缺点是受胎率低，哺乳能力不强。

（八）中国白兔

中国白兔是我国培育和长期饲养的一个古老的地方品种，广泛分布于全国各地，以四川和重庆地区最多，被毛以纯白为主，兼有黑色、灰色、土黄色等。头清秀，嘴尖，耳小直立，红眼，体躯较窄，全身结构匀称紧凑，皮板厚实。

中国白兔肉质细腻，风味好，主要供作肉用，因此也有中国菜兔、柴兔之称。

中国白兔为小型兔，成年体重 2.5～3.0 千克，适应性好，耐粗饲，抗病力强，性成熟早，繁殖能力强，3～4 月龄就可用于繁殖。年产 6～7 胎，胎产 6～8 只，该兔护仔性能好，仔兔成活率高。中国白兔体型小，生长速度慢，屠宰率低，但是作为我国地方品种的代表，其"适应性强，耐粗饲"的优良特性是世界家兔的宝贵品种资源。

（九）塞北兔

塞北兔是原张家口农业专科学校塞北兔选育课题组以法系公羊兔和比利时兔为亲本，经过复杂杂交培育而成，是一个大型皮肉兼用兔。在我国各地均有分布，尤其在北方养殖量大。

（1）**外貌特征** 该品种分三个毛色品系。A 系被毛黄褐色，尾巴边缘枪毛上部为黑色，尾巴腹面、四肢内侧和腹部的毛为浅白色；B系纯白色；C系草黄色。该品种被毛浓密，毛纤维稍长；头中等大小；眼眶突出，眼大而微向内凹陷；下颌宽大，嘴方，耳宽大，一耳直立，一耳下垂；颈部粗短，颈下有肉髯，肩宽广，胸宽深，背平直，后躯宽，肌肉丰满，四肢健壮。

（2）生产性能　该品种体型大，生长速度快。仔兔初生重60～70克，1月龄断奶重可达0.65～1.0千克，90日龄体重2.1千克，育肥期料肉比为3.29∶1。成年体重平均5.0～6.5千克，高者可达7.5～8.0千克。耐粗饲，抗病力强，适应性广，繁殖力较高，年产仔5～6胎，胎均产仔7～8只，断奶成活率平均81%。

（3）适应性能　该品种属于大型兔，体质较疏松，生长快，耐粗饲，深受养殖者喜欢，适合我国大多数地区推广饲养。其毛纤维粗毛覆盖绒毛紧密，皮张的利用价值较高。

（十）豫丰黄兔

由河南省农科院和清丰县科委合作培育而成的中型肉用兔种，属于一个优秀的地方品种。

（1）外貌特征　该兔全身被毛黄色，腹部白色，头小、清秀呈椭圆形，耳大直立，眼大有神，后躯丰满，成年母兔颈下有明显肉髯，四肢强壮有力，后肢粗壮而灵活。成年体重4～6千克，属于大型的肉用兔品种。

（2）生产性能　早期生长速度快，饲料利用率高。豫丰黄兔日增重26克，2.5月龄体重2.0千克，2月龄为增重高峰期，料肉比为2.15∶1。母性好，泌乳量大，产仔率高。5.5月龄体成熟，6月龄开始配种，母兔乳头平均5对，窝产仔平均8～12只，最多者达17只，断奶兔成活率平均95%。但存在着个体间差异较大的问题。

（3）适应性能　该品种抗病力强，既适应高标准的饲养，又能适应条件差的环境与低营养标准，既能适应南方热带气候，又能适应北方寒带气候。

（十一）太行山兔

由河北农业大学、河北省外贸等单位合作选育而成。产于河北省太行山附近各县，又名虎皮黄兔，属于中型肉用兔种。

（1）外貌特征　成年体重3.5～4.0千克，全身被毛以黄色为主，头部和臀部有黑毛混生，腹部灰白色，眼圈周围有黑色线条，头小嘴尖，耳小直立，颈细长，体型宽平，后躯发育良好。

（2）生产性能　该品种繁殖力高，母性好，泌乳力强，年产6～7胎，窝产仔7～12只，发育良好，幼兔生长发育快。

（3）适应性能　耐粗饲，抗病力强，适合我国广大农村饲养，缺点是屠宰率较低。

（十二）肉兔配套系

1. 齐卡配套系

齐卡（ZIKA）配套系是德国家兔育种专家培育的。四川省畜牧兽医研究所于1988年从德国引进的高产肉兔配套系。兔群引进后由德国封闭式小环境变为我国开放式饲养，经历了气候、饲料及饲养条件等的巨大变化，通过4年的扩群、选育，齐卡配套系的三系种兔的繁殖性能、生长发育逐代提高。

（1）德国巨型白兔——G系　为大型品系，耳大直立，头粗重，体躯大而丰满，成年体重6.0～7.0千克，仔兔35日龄断奶重1.0～1.2千克，90日龄体重为2.7～3.4千克，日增重35～40克，饲料报酬是3.2∶1。性成熟晚，繁殖力低。年产4～5胎，胎产6～10只。性成熟较晚，夏季不孕期较长。

（2）德国大型新西兰兔——N系　为中型品系，耳短小、直立，体躯丰满，典型的肉用兔体型。成年体重4.5～5千克，仔兔90日龄体重2.8～3.0千克，繁殖力高，年产仔50只以上。但对饲养管理条件要求比较高。

（3）德国合成白兔——Z系　为小型品系，头清秀，耳薄，体长。成年体重3.5～4.0千克，90日龄体重2.1～2.5千克，适应性好，耐粗饲，其特点是繁殖力高，母兔年产仔60只以上。

（4）三系配套模式

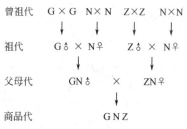

（5）三系配套所生产的商品代GNZ，在德国标准的饲养条件下，84日龄体重平均为2.8～3.0kg，饲料报酬为2.8：1，在四川农村粗放饲养条件下100日龄平均体重可达2.5kg，育肥兔全期成活率可达85％以上。

2. 伊拉配套系

伊拉配套系肉兔，又称伊拉兔，是法国莫克公司在20世纪70年代末培育成的杂交配套系。由A、B、C、D四个系组成，经由九个原始品系科学提纯、杂交组合选育试验后产生。山东省安丘市绿洲兔业有限公司于2000年从法国引入曾祖代。

伊拉配套系的父系实现了肉兔成活率、生长速度、饲料转化率（3.0：1）三个第一，其母系创造了窝均产活仔数9.5～10.6只、断奶成活率95.2％～98.8％、生长期成活率96％以上的肉兔之最。其商品兔后代具有抗病能力强、生长发育快（35日龄断奶体重平均950克、70日龄出栏体重平均2520克、80日龄体重平均2790克）、出肉率高（58％～60％，其他兔一般在50％左右）、附价值高四大特点。伊拉配套系育种均采用每年百分之百的淘汰更新率，以保持其特有的性能和品质。

（1）A系　全身白色，鼻端、耳、四肢的末端及尾端为黑色，成年体重5.0千克，平均日增重50克，饲料报酬3.0：1。平均胎产仔兔8.35只，断奶兔死亡率10.31％。

（2）B系　全身白色，鼻端、耳、四肢的末端及尾端为黑色，成年体重4.9千克，平均日增重50克，饲料报酬2.8：1。平均胎产仔兔9.05只，断奶兔死亡率10.96％。

（3）C系　全身白色，成年体重4.5千克。平均胎产仔兔8.99只，断奶兔死亡率11.93％。

（4）D系 全身白色，成年体重4.5千克。平均胎产仔兔9.33只，断奶兔死亡率8.08%。

（5）四系配套模式

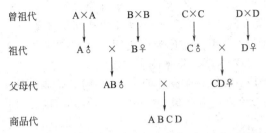

商品代伊拉兔具有生长周期短及产仔率、产肉率高的显著特性，其饲养最适宜的温度是15～25℃，湿度以60%～70%为宜。对饲料营养也有特殊要求，以全价颗粒饲料饲喂最为适宜。

伊拉配套系生产指标：受胎率为75%～85%，全年平均81.6%；窝均产活仔数为9.5～10.6只；断奶成活率为95.2%～98.8%；出栏成活率为96%以上；出生只均体重：55～65克；35日龄断奶体重平均950克；70日龄出栏体重平均2520克；80日龄体重平均2790克；屠宰率为56.1%。

3. 艾哥配套系

艾哥肉兔配套系，在我国又称布列塔尼亚兔，是由法国艾哥（ELCO）公司培育的大型白色肉兔配套系。1994年我国黑龙江省和吉林省引进该品种。

艾哥肉兔配套系由4个系组成，即GP111系、GP121系、GP172系和GP122系。其配套杂交模式为：

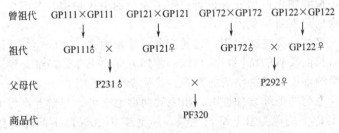

（1）GP111系兔 毛色为白化型或有色，性成熟期26～28周

龄，成年体重 5.8 千克以上，70 日龄体重 2.5～2.7 千克，28～70
日龄饲料报酬 2.8：1。

（2）GP121 系兔　毛色为白化型或有色，性成熟期 17～18 周
龄，成年体重 5.0 千克以上，70 日龄体重 2.5～2.7 千克，28～70
日龄饲料报酬 3.0：1，每只母兔每年生产断奶仔兔 50 只。

（3）GP172 系兔　毛色为白化型，性成熟期 22～24 周龄，成
年体重 3.8～4.2 千克，公兔性能力较强。

（4）GP122 系兔　性成熟期 16～17 周龄，成年体重 4.2～4.4
千克，每只母兔年生活仔兔 80～90 只，年可提供父母代母兔 25～
30 只。

（5）父母代公兔（P231）　毛色为白色或有色，性成熟期 26～
28 周龄，成年体重 5.5 千克以上，28～70 日龄日增重 42 克，饲料
报酬 2.8：1；父母代母兔（P292），毛色白化型，性成熟期 16～17
周龄，成年体重 4.0～4.2 千克，胎产活仔 9.3～9.5 只。

（6）商品代兔（PF320）　70 日龄体重 2.4～2.5 千克，饲料报
酬（2.8～2.9）：1。

三、毛用兔——安哥拉兔

安哥拉兔是世界著名的毛用型兔品种。根据美国兔子繁殖者协
会（ARBA）组织数据记载，源于土耳其的安哥拉省，另一种说法
是起源于英国，由法国人培育而成，因其毛细长，有点像安哥拉山
羊而取名为安哥拉兔。安哥拉兔被各国引进之后，根据不同的社会
经济条件，培育出若干品质不同、特性各异的安哥拉兔，以英系安
哥拉兔最受欢迎，其余分别是法系安哥拉兔、德系安哥拉兔、日系
安哥拉兔和中国巨型安哥拉兔。安哥拉兔的毛色很多，各国广为饲
养的为白色安哥拉兔。

安格拉毛兔性情温驯，容易饲养，繁殖力强，适应性好，因其
毛产品长而柔软的特性，故在饲养管理方面要求非常精细，要求清
洁干爽的环境、光滑整洁的笼具、优质全价的营养。

长毛兔的毛纤维分细毛、粗毛和两型毛三种，习惯上将粗毛率
在 10% 以上的称为粗毛型长毛兔，粗毛率在 10% 以下的称为细毛
型长毛兔。因粗毛在毛纺业用途广泛，市场价格高，因此粗毛型长

毛兔备受市场青睐。

(一) 英国安哥拉兔

属细毛型毛用兔，也可当作宠物兔，标准体重为 2.5～3.5 千克，是中型兔。年产 4～5 胎，胎均产仔 5 只，全身都长满很浓密像丝绸的毛，鼻子缩回，耳朵小而薄、呈 V 形、顶端带有像流苏的毛，眼睛圆而大。身形圆碌碌，全身（包括面、耳、脚）长满毛，全身毛纤维细而柔软，质地如丝绸，需要常常打理，性格温驯可爱。多种颜色，如白色、黑色、灰色、金黄色、蓝色、朱古力色、深褐色、浅紫色等。

英国安哥拉兔体型偏小，产毛量低，年产毛 250 克，适应性差，抗病力差，对饲养条件要求高。

(二) 法国安哥拉兔

属粗毛型毛用兔，也可当作宠物兔，骨骼较粗重，标准体重为 3.5～4.0 千克，是大型兔。母兔泌乳力高，年产 3～4 胎，胎均产仔 7 只，面长鼻高，耳大而薄，耳被无长毛，俗称"光板"，额毛、颊毛、脚毛均为短毛，腹毛也较短，被毛密度差，枪毛含量高，不易缠结。

法国安哥拉兔体型大，产毛量较高，年产毛 800～1000 克，毛长 13～15 厘米，适应性强，耐粗饲，抗病力强，母兔的泌乳力较高。该兔属于粗毛型，1980 年以来，我国引进该兔种，其产毛量、粗毛率、适应性、抗病力、耐粗饲和繁殖力都有很大的提高，对改良我国的长毛兔以及粗毛型新品系的培育起到了重要的作用。

(三) 德国安哥拉兔

属细毛型毛用兔，也可当作宠物兔，是世界上产毛量和毛质量最好的品系之一。标准体重为 3.75～4.5 千克，骨骼粗重，属于大型兔。年产 3～4 胎，胎均产仔 7 只。头型圆形和长形，面部被毛较短，耳大直立，耳尖一撮毛，额毛、颊毛、脚毛、腹毛较短且浓密，被毛品质好，不易缠结。

德国安哥拉兔体型大，产毛量高，年产毛 1400～2000 克，适应性强，耐粗饲，抗病力强。该兔属于细毛型，1978 年以来，我国引进该兔种，经过十几年的风土驯化和选育，其产毛量、适应性、抗病力、耐粗饲和繁殖力都有很大的提高，对改良中系长毛兔起到了重要的作用。

（四）中国粗毛型安哥拉兔

进入 20 世纪 80 年代以来，粗毛率在 15％以上的兔毛在国际市场上一直供不应求，价格较高，为适应形势，我国有的单位开始选育自己的粗毛型长毛兔，我国的粗毛型长毛兔主要有以下几种。

（1）苏系粗毛型长毛兔　是由江苏省农业科学院畜牧兽医研究所选育而成。1988～1990 年，在德系安哥拉兔选育的基础上，导入含粗毛率高的新西兰白兔、德国大白兔和法系安哥拉兔等血统，经过 3 代以上杂交，选出理想个体进行世代选育。1991～1995 年开展自群横交固定世代选育。

苏系粗毛型长毛兔经过 8 年的培育，其遗传性状已基本趋于稳定。其生产性能为：平均产活仔数 7.29 只，21 天泌乳力为 2.082 千克，42 日龄断奶个体重达 1.1 千克，11 月龄体重达 4.4 千克，粗毛率达 15.56％，年产毛量达 880 克，均达到和超过原定选育指标。

（2）浙系粗毛型长毛兔　是由浙江农业科学院和新昌县长毛兔研究所等选育而成。利用法系安哥拉兔和德系安哥拉进行系间杂交、横交继代选育而成。该兔既具有德系兔产毛量高、生长发育快、体型大的特点，又具有法系兔粗毛含量高、适应性和抗病力强的特点。

浙系粗毛型长毛兔主要生产性能为：年产毛量 960 克，粗毛含量 16％，繁殖性能比德系兔显著提高，胎产仔数 7.3 只，产活仔数 6.8 只，初生窝重 320 克，21 天泌乳力为 1.775 千克，42 天断奶重 1.04 千克，断奶成活率 90.5％，成年兔体重 4 千克。

（3）皖系粗毛型长毛兔　是安徽省农科院畜牧研究所利用皖系长毛兔群中粗毛率较高的个体，组建零世代基础群，进行系统选育，经过 5 个世代的继代选育。其主要生产性能指标为：粗毛率（含两型毛）13.69％，一次剪毛量（91 天）206.53 克，折年产毛量 826.12 克。成年体重 4.0 千克，窝产活仔 6.62 只，初生窝重 336.57 克，42 天断奶重 1.1 千克。

（五）中国巨高长毛兔

巨高长毛兔是由浙江省宁波市镇海种兔场，采用经过选育的本地大体型高产长毛兔与德系安哥拉兔级进杂交选育而成的新品种。

巨高长毛兔体大身长，四肢发达，背宽胸深，头型为鼠头型和虎头型，耳型为一撮毛和半耳毛，眼球呈红色，被毛白色且有光泽，全身毛丛结构明显，尤其是腹毛稠密，颈后部毛无空隙，绒毛粗（平均细度在 15 微米以上）。30 周龄平均体重公兔为 5.13 千克、母兔为 5.35 千克，巨高长毛兔产毛量：公兔为 1929 克，母兔为 2214 克。

全国家兔育种委员会于 2000 年 10～12 月对该品种进行了部分生产性能现场测定，实测数量 1000 只，养毛期 73 天，200 只公兔平均实测产毛量 343 克（最高个体 495 克）、平均估测年产毛量 1725 克（最高个体 2475 克），800 只母兔平均实测产毛量 388 克（最高个体 591 克）、平均估测年产毛量 1940 克（最高个体 2955 克）。这一测定结果创造了千只长毛兔群体产毛量世界纪录，荣获全国家兔育种委员会颁发的"千禧杯"金奖。

巨高长毛兔繁殖性能良好，胎平均产仔 7.32 只，3 周龄窝重 2465 克，仔兔 4 周龄个体重 635 克；母性强，一般能自哺自养，仔兔成活率高。适应性及抗病力均比较强。

『专家提示』

（1）在选择引进种兔时，不要单一考虑生产性能，实际上往往生产性能越高的兔种，其抗病力和适应性较差。

（2）在选择肉兔品种时，不要单一追求体型大的品种，要综合考虑繁殖性能、饲料报酬，以及早期生长速度。

（3）引种时既要考虑品种的经济价值，又要考虑气候、草料条件，又要与自己具备的饲养管理条件相匹配。

（4）引种时有可能引进新的病原，因此一定要注意引进种兔的单独隔离饲养，同时加强风土驯化的饲养管理工作。

第二讲

家兔的生物学特性

本讲的知识要点：
- √ 家兔的生活习性
- √ 家兔的体成熟、性成熟和适宜的配种期
- √ 家兔的换毛特点

一、家兔的生活习性

家兔是由野生穴兔驯化而来的，还不同程度地保留着野生生活状态下的习性，了解和掌握家兔自身的生物学规律，尽可能创造适合其习性的饲养管理条件，对养好家兔大有好处。

（1）夜行性　家兔具有昼静夜动的特点。白天无精打采，安静休息，采食量很少；夜间精神旺盛，采食、饮水增加，约占全日的70%以上。因此，在晚上要喂足草料，饮足水，有条件的饲养户可在深夜加喂一次，正如人们所说"马不吃夜草不肥，兔不吃夜草不壮"。根据家兔的这一习性，在养兔实践中，应当将饲养管理日程侧重在晚上和夜间，除提供足够的饲草、饲料和饮水外，将哺乳和配种等工作也放在这一时间段。

（2）嗜眠性　家兔在白天很容易进入睡眠状态，常闭目养神，这时除听觉外其他刺激不易引起兴奋。根据这一习性，饲养员在保证正常喂料、饮水及日常管理工作外，应保持兔舍及周围环境的安静，白天尽量不要妨碍家兔睡眠。

（3）胆小怕惊　家兔尽管在人工条件下生活，但是胆小怕惊的

野生习性仍然保留着。遇有敌害时，能借助敏锐的听觉作出判断。突然的声响、生人或陌生的动物（如猫、狗等），都会使家兔惊恐不安，并影响周围家兔。因此，在饲养管理中，动作要尽量轻稳，同时防止生人或其他动物进入兔舍。

（4）喜清洁干燥　家兔喜爱清洁干燥的生活环境。干燥清洁的环境有利于兔体的健康，潮湿污秽的环境，易造成家兔传染病和寄生虫的蔓延。兔舍内适宜的湿度范围为50%～60%，所以在兔舍设计及日常管理中，要选择地势较高燥的地方，保证圈舍清洁干燥，冬暖夏凉，通风良好，排污通畅。干燥的环境，清洁的笼舍、饲料、饮水是养好家兔的基本要求。

（5）群居性差　家兔虽有群性，但很差。群养时不论公、母及同性别的成年兔经常发生互相咬斗现象，特别以公兔为甚，对新购进的兔更要引起注意。因此，成年兔要单笼饲养，育成兔尽可能做到同笼同窝，有条件的，最好一兔一笼，既可防止争斗，又可防止早配。家兔有领域行为，在笼具内（或兔窝），有先入为主的表现，一旦有其他家兔并入，有驱逐现象，所以在管理中，需要调整合并兔时，最好同时移入。

（6）啮齿性　家兔的第一对门齿是恒齿，出生时就有，永不脱换，而且不断生长。家兔必须借助采食和啮咬硬物，不断磨损，才能保持其上下门齿的正常咬合，这种借助采食和啮咬硬物磨牙的习性，称为家兔的啮齿行为，也叫家兔的啮齿性。要避免家兔啮咬笼具，关键是要保证兔饲料要有一定的硬度，有条件的最好制成颗粒饲料，同时要注意笼舍的建设，尽量使用家兔不爱啮咬的材料，以便延长兔笼的使用年限。另外，要经常给兔提供磨牙的条件，如在笼舍内投放一些树枝或木棒供兔啮咬，以利门齿的磨蚀，促进饲料的咀嚼和消化。在养兔饲养管理中，要检查兔的第一对门齿是否正常，如发现有过长的或弯曲的，要及时修剪。种兔的牙齿畸形，具有遗传性，要及时淘汰。

（7）穴居性　穴居性是指家兔具有打洞并在洞内产仔穴居的本能行为，是家兔长期进化过程中逐渐形成的，这一习性，对现代化养兔生产来说无法利用。不过在笼养的情况下，需要尽可能模拟洞穴环境建好产仔箱或窝，让母兔在箱（窝）内产仔。小规模家庭养兔可考虑让母兔地下洞穴产仔，可充分发挥母兔的性能，提高仔兔的成活率。

二、家兔的采食习性

（1）草食性　家兔的草食特性是其消化系统特殊结构和机能的统一。家兔的消化道对植物性饲料的消化能力较强，发达的盲肠具有与反刍家畜瘤胃相似的功能，盲肠内存在着复杂而完善的微生物体系，可以分解大量的粗纤维，并转化成为家兔易于吸收的物质，盲肠段的圆形球囊还不断地分泌以持续中和盲肠内微生物活动产生的有机酸，保证了对粗纤维的消化。据有关资料报道，家兔对粗纤维的消化率为 $65\% \sim 78\%$，高于马和猪，仅次于牛和羊。因此，家兔是一种天然的节粮型家畜，不与人争粮食，少与猪鸡争饲料，家兔养殖业有很大的发展空间。

（2）食粪性　家兔的食粪性是指家兔有吃自己部分粪便的本能行为，这属正常的生理现象，对家兔有益，家兔可以从中获取大量蛋白质和维生素。通常家兔排出两种粪便：一种是粒状的硬粪，在白天排出；另一种是团状的软粪（占粪便总量的 50% 以上），在夜间排出。家兔排出软粪时会自然弓腰用嘴从肛门处吃掉，稍加咀嚼便吞咽，每天所排的软粪要全部吃掉，只有当家兔生病时才停止食粪。所以在管理上要注意观察舍内是否有软粪，如发现软粪，应及时对家兔进行健康检查，做到有病早治，减少损失。

『专家提示』

（1）实践证明母兔洞穴产仔，其仔兔的成活率和断奶重要高于产仔箱产仔，这种方法非常适合小规模家庭养兔，但是一定要注意鼠害和潮湿。

（2）养兔生产中要注意辨别软粪与拉稀，软粪是团状的、无臭味，拉稀为糊状的或水样的、有臭味，家兔不食软粪，多见于热性病，或其他疾病引起的食欲废绝，因此一定要区别治疗。

三、家兔的消化特点

家兔属于单胃草食动物，具有单胃草食家畜一般的消化机能和规律，也有特殊的方面。

（一）消化器官的特点

（1）口腔的特殊结构　家兔上唇纵裂是其他家畜包括草食动物所没有的。兔豁唇的形成，致使门齿裸露，便于采集地面上比较矮小的植物及啃咬树枝、树皮和树叶。成年兔发达的门齿，便于切断饲料；臼齿咀嚼面宽阔具有横脊，适于研磨草料。

（2）极为发达的盲肠　家兔小肠和大肠的总长度为体长的 10倍，盲肠极为发达，占消化道总容积的 42%，在所有单胃草食动物中兔的盲肠比例最大。盲肠酷似一个天然的发酵袋，可繁殖大量的有益微生物，起着反刍动物瘤胃的作用。

（3）特异的圆形球囊组织　在回肠和盲肠连接处，出现一个膨大的壁厚中空的圆形球囊，具有发达的肌肉组织，它与盲肠相通。它的主要功能是机械压榨食物、消化吸收、分泌碱性溶液、中和微生物所产生的有机酸。

『知识链接』

（1）家兔的消化系统包括消化道和消化腺。

（2）家兔的消化道是一个长的管道，包括口腔、咽、食管、胃、小肠（十二指肠、空肠、回肠）、大肠（盲肠、结肠、直肠）、肛门。

（3）家兔的消化腺包括唾液腺、肝脏、胰腺、胃腺、肠腺。消化腺分泌消化液，由导管送入消化道的相应部位，参与消化道的化学消化过程。

（4）家兔的消化方式有物理性消化、化学性消化、生物学性消化。口腔的咀嚼、消化道的蠕动是物理性消化，消化液参与的消化是化学性消化，盲肠内微生物参与的消化是微生物学性消化。

（二）家兔的消化生理特点

（1）家兔对粗纤维的消化　盲肠微生物和淋巴球囊的协同作用，使其对粗纤维含量较高的饲料具有较高的消化率。家兔借助盲肠微生物的消化特点，迅速排除难以消化的粗纤维．而非纤维部分迅速被消化吸收，故家兔在利用低质高纤维饲料方面，其能力是很强的。而对粗纤维本身的消化利用能力却不高。

（2）家兔对粗蛋白质的消化　家兔能充分利用粗饲料中的蛋白质，很多研究表明，家兔对青粗饲料中的蛋白质有较高的消化率。以苜蓿粉为例，家兔可消化苜蓿粉中 75％ 的蛋白质，而猪低于 50％。另外，有人用全株玉米秆制成的颗粒料做试验，家兔对粗蛋白质的消化率为 80％，马仅为 53％。因此，科学家指出，家兔具有将低质饲料转化为优质肉品的巨大潜力。

（3）家兔对粗脂肪的消化　家兔对各种饲料中的粗脂肪消化率高于马属动物，并且随着日粮的脂肪含量水平提高而采食量增加。

（4）家兔对能量的消化　家兔对各种饲料中的能量消化率低于马属动物，并且随着日粮的粗纤维含量水平提高，家兔对能量的消化利用能力就越低。

四、家兔的繁殖特点

（1）繁殖力强　表现为每胎产仔多，每胎产仔 6～8 只；年产胎数多，在良好的饲养管理条件下，母兔一年可产 6～8 胎；孕期短，一般孕期为 30 天左右，哺乳期 28～35 天。

（2）家兔属于刺激性排卵动物　即健康母兔的卵巢内经常有许多处于不同发育阶段的卵泡，只有在交配刺激的诱导之后，方可将成熟的卵泡排出，实践表明母兔一般经交配刺激后 10～12 小时排卵。因此，家兔发情周期不明显，或者说家兔没有明显的发情期。

家兔有发情活跃期，大多数空怀母兔在日出前后 1 小时、日落前后 1 小时性活动表现强烈。具体表现是：母兔活跃不安、踩足，用下颌摩擦餐具，外生殖器略有肿胀、潮红、爬跨和接受爬跨等行为。

不处于发情期的母兔与性欲旺盛的公兔接触常常可以接受交配并能受胎。在生产实践中，有时可以采取强制交配的方法，使母兔受孕，并正常产仔。养兔户可以根据这种特性将配种安排在清晨和傍晚，可有效提高受孕率。

（3）家兔的假妊娠现象　多因母兔间相互爬跨，或与公兔的无效交配，输卵管或子宫的慢性炎症，可造成假怀孕现象，时间延续16～17天。在此期间，假孕母兔与怀孕兔的表现一样，不接受公兔交配，乳腺有一定程度发育，还可能出现拉毛、衔草营巢等行为。

（4）家兔是双子宫动物　母兔的子宫是原始的双子宫型，而且阴道较长，在自然交配情况下，公兔在母兔阴道内射精，两侧子宫都可受孕。但在人工输精时，若输精管插得过深，可能插入一侧子宫颈口内，导致一侧子宫受孕，另一侧子宫不受孕的现象。

（5）早晚性活动旺盛　家兔的性活动有一定的规律性，通常在日出、日落前后1～2小时性活动最强，这时配种受胎率也高。

五、家兔的生长特点

（一）早期生长速度快

仔兔出生时一般在50～60克，但出生后增重很快。一般1周龄时体重增加1倍，4周龄时体重增加10倍，6周龄时体重增加20倍，13周龄时体重增加30倍。这一生长速度是其他家畜少有的。家兔不仅生长速度快，而且饲料报酬高，目前许多肉兔品种12～13周龄出栏，体重达2.5千克。因此，利用肉兔早期生长速度快的特点，可以实行节约型养殖，提高养殖效益。家兔的早期生长速度受品种、营养、性别、个体和母兔产仔数与泌乳力的影响，一般肉兔的生长速度较毛用兔和皮用兔快，大型兔、中型兔较小型兔快，高营养水平较低营养水平快，公兔比母兔快，母兔泌乳力高的较泌乳力低的快。

（二）家兔的体成熟和性成熟

兔生长发育到一定时间，当公兔的睾丸和母兔的卵巢能分别产生出有受精能力的精子和卵子时，即称性成熟。在不同饲养管理条件，家兔不同的品种，不同的个体，性成熟的迟早有一定的差异。小型品种母兔4月龄、公兔5月龄，即达性成熟。大、中型品种稍晚些，中型5～6月龄、大型6～7月龄达性成熟。一般母兔性成熟要早于公兔，通常早1个月左右。

因此，家兔在初配时，要求公兔的初配月龄比母兔大。相同品种或品系，在优良饲养条件下，生长发育较快，其性成熟也较早。达性成熟的家兔，身体其他组织器官还未完全发育和成熟，需要继续生长。各组织器官发育完全后即为体成熟。

一般体成熟约比性成熟晚1个月。公母兔达到性成熟后，虽然已能繁殖，但身体各部器官仍处于发育阶段，未达到体成熟，若在此时交配受孕不仅会影响本身的生长发育，而且配种后受胎率低，产仔数少，母兔分娩后乳汁少，仔兔体型小，成活率低，生长慢，并易出现母兔吃仔兔现象，同时会引起种兔严重退化。

（三）家兔的年龄性换毛和季节性换毛

（1）年龄性换毛　这是家兔在不同的生长发育时期内的正常换毛。一生中，家兔有两次年龄性换毛，第一次换毛为30～100日龄，第二次换毛为130～150日龄。力克斯兔（獭兔）的年龄性换毛，对于确定取皮年龄和提高毛皮的品质具有十分重要的意义。在良好的饲养管理条件下，力克斯兔的第一次年龄性换毛可于3～3.5月龄时结束，此时已形成完好的毛被，为了使皮板完全成熟和有足够大的皮张面积，到第二次年龄性换毛结束即5月龄左右取皮为最佳，经济效益也较高。

（2）季节性换毛　家兔进入成年以后，每年春季和秋季两次换毛。春季换毛在3～4月份，秋季换毛在9～10月份。这种季节性换毛与光照、温度、营养以及遗传等因素有关。春季，光照由短日照向长日照过渡，气温则由寒冷、温暖向炎夏转变，而饲料中的干草逐渐被青绿饲料所代替，所以被毛生长较快，换毛期较短。秋季，由于长日照向短日照过渡，气温则由炎热、凉爽向寒冷转变，青绿饲料逐渐变得枯黄，加之皮肤毛囊代谢机能减弱，所以被毛生长较慢，换毛时间拉长。这种季节性换毛，也是家兔对炎夏和寒冷季节本能的适应，为自身创造适宜的生存条件，并祖祖辈辈遗传下来。

据报道，标准毛家兔（如肉兔）既有年龄性换毛，亦有季节性换毛。安哥拉兔的兔毛生长期为1年，只有年龄性换毛，而没有明显的季节性换毛。

（3）不定期换毛和病理性换毛　这种换毛现象不受季节影响，可在全年任何时候出现，一般老年兔比幼年兔表现明显，当家兔患某些疾病时，或长期营养不良使新陈代谢发生障碍，或者皮肤发生营养不良，而发生全身或局部脱毛现象。例如，由于某种疾病感染而导致家兔连续数日采食量下降、或冬季兔舍内温度持续过高、长途运输及其他应激，都可能发生脱毛。据报道，幼兔饲料饲喂过多也容易导致过早换毛。

家兔换毛是复杂的新陈代谢过程，在换毛期往往消耗更多的营养，对外界气温变化也更加敏感，易患感冒或诱发其他疾病。因此，换毛期应加强饲养管理，提供丰富的蛋白质饲料和优质饲草。

家兔换毛还对家兔繁殖带来不利影响，尤其在秋季换毛期间，母兔发情不明显，受胎率低；公兔性欲不强，配种能力差。因此，在换毛期应加强饲养管理，以缩短换毛持续期，提高繁殖率。

『专家提示』

（1）一定要充分利用家兔的草食性，当前养兔生产必须有优质、廉价、丰富的饲草资源，才能降低养兔养兔的成本，方可取得较好的经济效益。

（2）一定要利用家兔季节性换毛的特点，将家兔的换毛期安排在哺乳期，这样可减少空怀月，提高繁殖繁殖率。因为在换毛期配种率低、产仔数少。

（3）标准毛家兔（肉兔、兼用兔）的销售和屠宰也应避开换毛期，因为此时的兔皮质量最次，市场价位最低，尤其有色兔皮更为明显。

　　（4）家兔的生长发育规律是：初生后1～2周增重速度较慢，3～8周龄生长速度加快，8周龄达到高峰。9周龄后增重速度减慢，公母兔出现差异（公兔快于母兔），12周龄后增重进一步减慢，26周龄后基本停止增重。因此，肉兔生产中应在100日龄前出售商品兔，以节约生产成本，提高生产效率。

第三讲

家兔的营养和饲料

● **本讲的知识要点:**

√ 饲料中的营养物质成分
√ 家兔对营养物质的需要
√ 家兔饲料及饲料供应

一、饲料中的营养物质与家兔的营养需要

(一) 饲料中的营养物质

1. 饲料中的营养组成

家兔在维持生命活动和生产过程中,必须从饲料中摄取其需要的营养物质,将其转化为自身的营养,饲料是各种营养物质的载体。饲料的种类不同,所含的营养物质各异。饲料中的营养物质主要包括水分、粗灰分、粗蛋白质、粗脂肪、粗纤维和无氮浸出物六种成分。其含量多少,一般用百分率来表示。其相互关系见图 3-1。

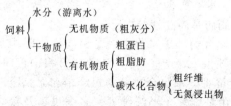

图 3-1　饲料营养成分示意图

（1）水分　各种饲料都含有水，不同的饲料含水量不同。把饲料在105℃下烘干至恒重，使饲料中的游离水分蒸发，剩余的就是干物质。饲料含水量在14％以下称饲料的风干重。饲料中的水分以两种状态存在：一种含于动植物体细胞间，与细胞结合不紧密，容易挥发，称为游离水或自由水；另一种与细胞内胶体物质紧密结合在一起，形成胶体外面的水膜，难以挥发，称结合水或束缚水。构成动植物体内的这两种水分之和，称为总水。

饲料的含水率在5％～95％，一般而言，饲料的水分含量低，其营养养分含量高。

（2）粗灰分　饲料在550℃充分灼烧后所得残渣，残渣中主要是氧化物、盐类等矿物质，也包括混入饲料的泥沙，故称粗灰分或矿物质、无机物物质。矿物质包括钙、磷、氯、钠、钾、镁、铁、铜等元素。

（3）粗蛋白　饲料中的粗蛋白是饲料中含氮物的总称。包括纯蛋白质和非蛋白质的含氮化合物。根据凯氏法，测定出饲料中的总氮，用总氮值再乘以6.25所得，即为饲料中的粗蛋白。多数蛋白质的含氮量相当接近，一般为14％～19％，平均为16％，故测定蛋白质，只要测定样品中的含氮量，就可以计算出蛋白质的含量，即：

$$粗蛋白质含量＝样本含氮量×6.25$$

在动植物体中，除蛋白质外尚有非蛋白质氮，所以按上述测定的含氮量而求得的蛋白质，通常称粗蛋白。各种饲料的蛋白质含量差别很大，品质也不相同。

（4）粗脂肪　粗脂肪包括饲料中可溶于乙醚（脂肪、有机酸、脂溶性维生素等）有机溶剂的物质的总称。因此，通常把粗脂肪称为乙醚浸出物。因脂肪含碳、氢元素比例高，所以氧化时产生的热能也高，所以脂肪是高能营养物质。

（5）碳水化合物　碳水化合物是植物性饲料中最主要的组成成分，占干物质的50％～80％，是动物日粮中能量的主要来源。按常规分析，可将碳水化合物分为粗纤维和无氮浸出物两部分。

粗纤维是由纤维素、半纤维素、多缩戊糖及镶嵌物质（木质素、角质）所组成，是植物细胞壁的主要成分，也是饲料中最难消化的营养物质。纤维素是一种低聚糖，化学性质稳定，只有在一定浓度的硫酸作用下，才可达到水解的目的，理论上其营养价值与淀粉相似；半纤维素在植物界的分布最广，能被稀酸或稀碱所水解；木质素是最稳定、最坚韧的物质，在植物中它不是一种营养成分，其含量的多少影响着饲料的营养价值，当木质素含量达 40% 时，一般微生物几乎不能分解。

无氮浸出物为饲料有机物质中的无氮物质除去脂肪及粗纤维以外的部分，或称为可溶性碳水化合物，包括单糖、双糖及多糖类（淀粉）等物质。植物性饲料中分布最广的糖是单糖类和双糖类，单糖主要存在于植物的果实中，一般饲料中含量很低；双糖在甜菜中含量丰富；淀粉是植物的贮备物质，在植物的种子、果实及块根、块茎中含量丰富，如玉米籽实中的淀粉含量约为 70%。

2. 饲料中各种营养物质的基本功能

（1）作为动物体的结构物质　营养物质是动物机体每一个细胞和组织的构成物质，如骨骼、肌肉、皮肤、结缔组织、牙齿、羽毛、角、爪等组织器官。所以，营养物质是动物维持生命和正常生产过程不可缺少的物质。

（2）作为动物生存和生产的能量来源　在动物生命和生产过程中，维持体温、随意活动和生产产品，所需能量皆来源于营养物质。碳水化合物、脂肪和蛋白质都可以为动物提供能量，但以碳水化合物供能最经济。脂肪除供能外还是动物体贮存能量的最好形式。

（3）作为动物机体正常机能活动的调节物质　营养物质中的维生素、矿物质以及某些氨基酸、脂肪酸等，在动物机体内起着不可缺少的调节作用。如果缺乏，动物机体的正常生理活动将出现紊乱，甚至死亡。

3. 饲料中各种营养物质的营养作用

（1）蛋白质的营养作用　蛋白质是家兔生命活动的物质基础，是兔体肌肉组织、毛组织、细胞膜、某些激素和全部生物活性酶的重要组成成分，据分析，成年家兔体内 18% 是蛋白质。如以干物质计算其蛋白质的含量为 80%。蛋白质是一类含有碳、氢、氧、氮和硫元素的复杂的有机物，这些物质在兔体内有极其重要的生理功能，催化和调节体内各种代谢反应和过程，是饲料中的其他营养物质不能代替的。同时家兔体组织蛋白质也通过新陈代谢不断更新，是兔体新陈代谢不可缺少的物质。

氨基酸是蛋白质的基本组成单位，组成兔体蛋白质的氨基酸有一些在体内能够合成，且合成的数量和速度能够满足家兔的营养需要，不需要由饲料供给，这些氨基酸称非必需氨基酸。有一些氨基酸在家兔体内不能合成，或者合成的数量不能满足家兔的营养需要，必须由饲料供给，这些氨基酸称必需氨基酸。

家兔的必需氨基酸为：精氨酸、组氨酸、异亮氨酸、蛋氨酸、苯丙氨酸、苏氨酸、色氨酸、亮氨酸、缬氨酸、赖氨酸和甘氨酸11种。其中赖氨酸、蛋氨酸、精氨酸是限制性氨基酸，限制性氨基酸的缺乏会限制其他氨基酸的利用。饲料中蛋白质品质的高低取决于组成蛋白质的氨基酸的种类和数量，当饲料蛋白质所含的必需氨基酸和非必需氨基酸的种类、含量以及必需氨基酸之间、必需氨基酸与非必需氨基酸之间的比例与家兔所需要相吻合时，该蛋白质称为理想蛋白质，能够被兔体最大限度地利用。

蛋白质是家兔体内重要的营养物质，在家兔体内发挥着其他营养物质不可替代的营养作用，当饲料中的蛋白质数量和质量相当时，可改善日粮的适口性，增加采食量，提高蛋白质的利用率；当蛋白质不足或质量差时，表现为氮的负平衡，造成机体蛋白质合成障碍，体重下降，生产力降低，繁殖力降低。

蛋白质是构成家兔机体的主要成分，是体组织再生、修复的必需物质，是兔产品的重要原料，还可作为能源物质。但如果饲料中的蛋白质过多，不仅造成浪费，而且造成家兔的消化道负荷增大，使蛋白质在胃肠道内引起细菌的腐败过程，产生大量胺类，增加肝、肾的代谢负担，热量消耗增加。因此，应合理搭配饲料，在保障蛋白质营养供应的同时，避免蛋白质营养的过剩。

（2）碳水化合物的营养作用　碳水化合物是构成体组织的重要成分，是体内热能的主要来源，在体内可转变为糖原和脂肪，作为营养贮备于肝脏和肌肉中备用，还是合成乳脂和乳糖的原料。如果碳水化合物不足，实际上是能量不足，这时家兔为维持生命活动就停止生产，并动用体内贮备的糖原和体脂肪用以供能，造成体重减轻，生产力下降。缺乏严重时便分解体蛋白质供给最低能量需要，造成家兔消瘦，抗病力下降，甚至死亡。

碳水化合物中的粗纤维虽不易消化，但可使胃肠道有一定的充盈度，使家兔有饱感，可使胃肠道正常蠕动，避免饲料在胃肠内结成团块而不易消化，引起胃肠炎，对家兔的生长和预防消化道疾病都有利。

粗纤维包括纤维素、半纤维素和木质素，是植物细胞壁的主要成分。家兔是单胃草食动物，其发达的盲肠中有利用粗纤维的微生物体系，但其对粗纤维的消化率低于反刍动物牛和羊。日粮中适量的粗纤维对于维持正常的消化生理，防止消化功能紊乱，起到举足轻重的作用。不同的饲料中粗纤维的内部结构不同，因而，消化率不一样。不同的品种、不同年龄对于粗纤维的利用率也不同。一般来说，大型的本地品种对于粗纤维的消化率较高，成年家兔对粗纤维的消化率较高。

家兔日粮中粗纤维的含量一般为 $12\%\sim14\%$，生产中适量提高日粮中粗纤维的含量，对于预防消化道疾病有良好效果。从生理角度看，粗纤维含量的最小值为 $6\%\sim12\%$，生产中常有因日粮中粗纤维含量低，家兔吃毛现象和消化道疾病多发。当含有 15% 粗纤维时不发生吃毛现象，也可减少消化道疾病的发生。青绿饲料和粗饲料是粗纤维的重要来源，家庭养兔应以草为主，精料为辅。

家兔和其他单胃动物一样，能自动地调节采食量以满足其对能量的需要。但当日粮能量水平过低时，虽然它能增加采食量，仍不能满足其对能量的需要，则会导致家兔的健康恶化，体脂分解多导致酮血症，体蛋白分解多而导致毒血症。若日粮中能量过高，谷物饲料比例过大，则会出现大量易消化的碳水化合物由小肠进入大肠，从而增加大肠负担，出现异常发酵，其后果轻则引起消化紊乱，重则发生消化道疾病。另外，如果日粮中的能量水平偏高，家兔会出现脂肪沉积过多而肥胖，对繁殖母兔来说，体脂过高对雌性激素有较大的吸收作用，从而影响繁殖性能。公兔过肥会造成配种困难或不育等不良后果。控制能量水平，可推迟后备母兔性成熟月龄，然而对其以后的繁殖机能是有益的。因此，要针对不同种类、不同生理状态控制合理的能量水平，保证家兔健康，提高生产性能。

（3）脂肪的营养作用 脂肪也是构成体组织的重要成分，是家兔生产和修复组织不可缺少的物质；脂肪也是供给家兔热能和贮备能量的主要物质，贮积的脂肪还具有隔热保温、支持保护脏器和关节的作用。某些维生素如维生素 A、维生素 D、维生素 E、维生素 K 只有溶解于脂肪中才能被吸收和在体内代谢。脂肪的缺乏，将会导致这些维生素的缺乏症。

另外，脂肪也是畜产品的组成成分，如兔乳中含 12.2% 的乳脂，兔毛中含 0.84% 的油脂等。当日粮中严重缺乏脂肪时，家兔表现生长受阻，性成熟晚，睾丸发育不良；受胎率低，产畸形胎儿，皮肤干燥、掉毛、瞎眼等症。但脂肪过多，会造成食欲减退、消化不良、过肥和不孕等。兔日粮中脂肪含量 2%～3% 即可，超过 5% 则产生不良后果。另外，家兔能较好地利用植物性脂肪，消化率为 83.3%～90.7%，对动物性脂肪利用较差。

（4）矿物质的营养作用 矿物质是一类无机营养物质，是家兔体内除碳、氢、氧、氮主要以有机物质形式出现以外其他各种元素的统称。根据体内含量的不同，矿物质分为常量元素（矿物质）和微量元素（矿物质）两大类。常量元素是指占家兔体重 0.01% 以上的元素，主要有钙、磷、钾、钠、氯、镁和硫，占兔体矿物质总量的 99.95%。微量元素是指占家兔体重的 0.01% 以下的元素，主要包括铁、锌、铜、钼、锰、钴、硒、碘等，共占兔体矿物质总量的 0.05%。任何一种矿物质在家兔体内都有其特定的生理功能，任何一种矿物质缺乏或过量都会引起兔体机能紊乱。

① 家兔体内 80%～90% 钙、磷存在于骨骼和牙齿中，其余的分布于软组织和体液中，参与机体主要的生理代谢活动，钙、磷缺乏会导致骨骼病变，幼兔和成年兔的典型症状是佝偻病和骨质疏松症，家兔缺钙还会导致眼球水晶体白浊、痉挛。家兔缺磷则主要表现为厌食、生长不良。

家兔饲粮中钙含量为 1% 左右可满足需要。兔可有效地利用植酸磷，磷大于1％时适口性显著变差，甚至拒食。适宜的钙、磷比例，有助于钙、磷的正常利用，适宜的钙、磷比为2：1。

② 家兔体内钠、钾、氯大多数存在于软组织中，钾存在于细胞内液中，钠、氯存在于细胞外液中，协同保持正常生理上的渗透压和机体的酸碱平衡，钠和氯参与机体水的代谢，同时食盐具有调味和刺激唾液分泌的作用，由于植物性饲料中含钾多，含钠和氯极少，所以家兔很少发生缺钾现象，而经常缺乏钠和氯。当日粮中缺乏钠和氯时，幼兔生长受阻，食欲减退，出现异食癖等。因此，家兔日粮中需添加0.5％的食盐，但当饮水受到限制时，采食过量食盐会引起家兔中毒。

③ 镁在兔体内70％存在于骨骼和牙齿中。镁是多种酶的活化剂，在糖和蛋白质代谢中起重要作用，可维持神经和肌肉的正常机能。家兔缺镁会导致过度兴奋而痉挛，生长兔生长不良。生长兔日粮中镁的含量在0.25％～0.34％比较适宜。

④ 硫在兔体内主要以有机形态组成蛋氨酸、胱氨酸，无机硫对维持家兔健康和生产是否必需尚无定论，但当家兔日粮中含硫氨基酸不足时，添加无机硫酸盐可提高肉兔生产性能和蛋白质沉积，据试验，饲料中加入1％～2％硫黄，对于促进家兔增重，预防球虫病有一定的作用。家兔的毛中含硫最多，对于毛用兔，日粮中含硫氨基酸低于0.4％时毛的生长受到限制，当提高到0.6％～0.7％时可提高产毛量15％～27％。

⑤ 兔体的铁60％～70％存在于红细胞的血红蛋白和肌红蛋白中，其余的存在于肝、脾和骨髓的含铁蛋白中以及体液的酶中。家兔缺铁的典型症状是低色素红细胞性贫血，表现为体重减轻，食欲减退，倦怠无神，黏膜苍白，兔的肝脏有很大的贮铁能力，故一般不易发生缺铁症状。

⑥ 铜是兔体内多种酶的组成成分，缺铜会使血红细胞的寿命缩短，缺铜会导致铁的吸收利用率降低，而造成家兔贫血，体重减轻，生长受阻，典型症状是脊柱下垂，被毛变灰色。过量钼会造成铜的缺乏，故在钼的污染区应增加铜的补铜。兔常用饲料中一般不会发生缺铜。家兔对铜的需要量约为3毫克/千克日粮，但加入高铜（200毫克/千克）能促进家兔的生长及提高饲料利用率，超过

500毫克/千克则有毒性作用。

⑦锌广泛分布于家兔的各组织器官中,锌参与多种酶的合成,进而参与体内营养物质的代谢,日粮中锌不足,会导致母兔采食量减少、体重减轻、深色毛变灰、脱毛、皮炎、繁殖力丧失,块根块茎饲料中锌贫乏,而酵母、糠麸、油饼和动物性饲料中含有大量的锌。饲粮中锌的需要量为50毫克/千克。

⑧锰是骨骼有机基质形成中所必需的多种酶的激活剂,家兔缺锰时,会导致骨骼发育异常,如弯腿、脆骨症、骨短粗症等,还会影响正常的繁殖机能,植物性饲料中含有较多的锰,一般不会造成缺乏。成年兔饲粮中锰需要量为2.5毫克/千克,生长兔则高达8.5毫克/千克。

⑨钴是维生素B_{12}的组成成分,钴缺乏时会使幼兔生长停滞,成兔消瘦贫血,正常情况下,饲料中含有足够的钴,但在缺钴地区应予以补加。缺硒引起的症状与维生素E不足相似,如生长停滞、繁殖机能紊乱、白肌病、睾丸萎缩等,多数地区饲料中的含硒量可满足家兔需要。

⑩家兔缺碘具有地方性,缺碘会引起幼兔生长受阻,神经和性器官发育受阻,繁殖机能下降,因此,缺碘地区应补碘化食盐。

『知识链接』

现代动物营养学研究表明,钙、磷、镁、铁、铜、硫、钠、氯、钾、锌、锰、钼、钴、碘和硒15种元素是动物生命所必需的无机元素。当兔体中完全缺乏或严重缺乏时,会发生死亡和缺乏症。但是,其中某种元素过量同样可造成兔体代谢紊乱。此外,氟、铬、溴、硅、钒、砷和钛在兔体中有时也各自发挥着特殊的生理和生化作用,故称之为条件必需无机元素。

(5)维生素的营养作用 维生素是维持家兔正常生理机能所必需的,且需要量很少的一类低分子有机物质。缺乏这类物质将导致代谢障碍，出现相应缺乏症。目前，已确定的维生素有 14 种，根据其溶解性，将其分为脂溶性维生素和水溶性维生素两大类。脂溶性维生素包括维生素 A、维生素 D、维生素 E、维生素 K。水溶性维生素包括 B 族维生素和维生素 C。

① 维生素 A：又称抗眼病维生素，其缺乏会导致视力减退、夜盲症，上皮细胞过度角质化，引起眼病、肺炎、肠炎、流产、胎儿畸形、幼兔生长停滞、发育不良、骨骼发育异常等。植物性饲料中不含维生素 A，只含有维生素 A 源——胡萝卜素，尤其是青绿饲料、胡萝卜和黄玉米中含量较高，胡萝卜素在小肠及肝脏中可转变成维生素 A，家兔的转化能力很强，但维生素 A 与胡萝卜素都不稳定，易被氧化，当饲料受热、受潮、发霉或储存时间较长时，大多数氧化失效，生产中，维生素 A 缺乏症较多见，应特别注意，但补充维生素 A 过量也会引起不良反应，表现为生长障碍、皮肤营养障碍、上皮增厚、自然性骨折等。

② 维生素 D：又称抗佝偻病维生素，其主要功能是调节钙、磷代谢，促进骨骼和牙齿的钙化和发育。维生素 D 不足，机体钙、磷平衡受到破坏，从而导致与钙、磷缺乏类似的骨骼病变，如软骨病、关节肿大、母兔产后瘫、仔兔佝偻病等，为防止维生素 D 缺乏，除补加维生素 D 以外，可让兔子多晒太阳，饲喂天然干草，也可获得一定的维生素 D。维生素 D 过量也会引起家兔的不良反应。

③ 维生素 E：又称抗不育维生素，家兔对维生素 E 缺乏非常敏感，它的作用不能被硒协同和代替。当维生素 E 不足时，会导致兔肌肉营养性障碍，即骨骼肌和心肌变性、运动失调、瘫痪、脂肪肝、肝坏死、繁殖机能受损、新生兔死亡、母兔不孕。一般青绿多汁饲料和优质干草中都含有较丰富的维生素 E，而蛋白饲料中较缺乏。

④ 维生素 K：又称抗出血维生素，是血液凝固所必需的物质。家兔肠道能合成维生素 K，合成的数量一般能满足生长兔的需要，但繁殖家兔饲料中必须添加维生素 K，饲料中添加抗生素、磺胺药、抗球虫药时会引起维生素 K 缺乏，当日粮中维生素 K 缺乏时，会引起妊娠母兔胎盘出血、流产等。

⑤ 维生素 B_1：又叫硫胺素、抗神经炎维生素。由于家兔消化道能合成相当数量的维生素 B_1，其缺乏症较少发生，但当日粮中含有结构与维生素 B_1 相似的拮抗物时，就会发生维生素 B_1 缺乏症，表现为生长受阻、运动失调、后肢瘫痪、痉挛、昏迷直至死亡。

⑥ 维生素 B_2：又叫核黄素。家兔体内能合成足够的维生素 B_2，故不易缺乏。

⑦ 维生素 B_3：又叫泛酸。家兔饲料中泛酸来源广泛，且体内能合成，因此很少发生缺乏症。

⑧ 维生素 PP：又叫烟酸、尼克酸、抗糙皮病因子。当烟酸不足时，家兔表现为食欲下降，下痢消瘦、生长受阻。家兔与其他家畜一样，在体内可利用色氨酸转化为烟酸，日粮中缺乏烟酸时，添加色氨酸可以防止烟酸缺乏症。另外，家兔的消化道中也能合成烟酸。

⑨ 维生素 B_6：又叫吡哆素，包括吡哆醇、吡哆醛、吡哆胺。当其缺乏时，家兔生长缓慢，易患皮炎；神经系统受损，表现为运动失调，严重时痉挛。家兔在盲肠中能合成维生素 B_6，但当生产水平高时，需要在日粮中补充维生素 B_6，每千克饲料中加入 40 微克维生素 B_6 可预防缺乏症。

⑩ 维生素 B_7：又叫生物素。一般情况下，家兔肠道能合成维生素 B_7，可满足需要。但合成的生物素易被某些氨基酸复合体转化为不能吸收的形式，而发生缺乏症，如皮炎、脱毛、痉挛等。

⑪ 维生素 B_{11}：又叫叶酸。叶酸缺乏时，家兔发生巨幼红细胞性贫血，使生长受阻。家兔的饲料中叶酸来源广泛，且肠道微生物能合成足够的叶酸，但当口服磺胺类药物时，可抑制合成叶酸的微生物生长，引起缺乏症。

⑫ 维生素 B_{12}：又叫抗恶性贫血维生素。当维生素 B_{12} 缺乏时，家兔生长缓慢、贫血。一般植物性饲料中不含维生素 B_{12}，但家兔肠道微生物能合成，合成的量受饲料中钴含量的影响。

⑬ 胆碱：胆碱缺乏时，家兔会出现脂肪肝、肝硬化、肾坏死、

贫血、黄疸，生长停滞，运动失调，成年母兔繁殖机能障碍。

⑭ 维生素 C：又叫抗坏血酸、抗坏血病维生素。当缺乏维生素 C 时，贫血、凝血时间延长，影响骨骼发育和对铁、硫、碘、氟的利用，生长受阻，新陈代谢障碍，家兔体内能合成满足生长需要的维生素 C，对幼兔以及在高温、运输、疾病等逆境中的家兔应注意补充。

（6）水的作用　水是家兔赖以生存的重要因素，家兔体内所含的水约占其体重的 70%。水是消化吸收的介质，家兔体内各种消化液均含有水分，水在胃肠道内可刺激胃液分泌，稀释肠液，使消化的营养物质易于吸收；水参与细胞内、外的化学作用，促进新陈代谢；水是调节体温的重要物质，炎热时，通过出汗，利用水分的蒸发消耗热能，降低体温；水作为关节、肌肉和体腔的润滑剂，对组织器官具有保护作用。

饮水是家兔体内水的主要来源。家兔越小，需水相对越多。气温 15～25℃时，家兔每日饮水量为：活重 0.5 千克时 100 毫升，3 千克时 330 毫升，4 千克时 400 毫升；哺乳期的母兔为 1000 毫升。家兔的饮水量一般为采食干草量的 2.0～2.5 倍，夏季约为 4 倍。各类饲料中均含有水，如青饲料含水量为 70%～95%，谷实类 10%～14%，饼粕类 10%，粗饲料 12%～20%，这部分水也是家兔体内水的重要来源。

水是家兔维持生命不可缺少的物质。饥饿时，家兔可消耗体内的糖原、脂肪和蛋白质等来维持生命，甚至失去体重的 40% 仍可维持生命。但家兔体内损失 5% 的水，就会出现严重的干渴现象，食欲丧失，消化能力减弱，抗病力下降。损失 10% 的水时，就会引起严重的代谢紊乱，生理过程受到破坏。由于缺水引起的代谢紊乱可使家兔健康受损，且生产力遭到严重破坏。仔兔生长发育迟缓，增重缓慢，母兔泌乳量降低，兔毛生长速度下降等。当家兔体内损失 20% 的水时，即可引起死亡。家兔具有根据自身需要调节饮水量的能力，因此，应保证家兔自由饮水。有人认为兔子喝水多了易发生腹泻，这种观点是片面的，但供水时应保证水的卫生，符合饮用水标准和保持适宜的温度。

『专家提示』

(1) 养兔生产中大多采用自由饮水。

(2) 水溶性维生素大多数家兔体内能够合成，一般不易出现缺乏症；而脂溶性维生素，必须由饲料供给。所以容易出现维生素 A、维生素 D、维生素 E 的缺乏症，必须注意补充。

(二) 家兔对饲料中营养物质的消化吸收及代谢

1. 家兔对蛋白质的消化吸收和代谢

饲料蛋白质是家兔体蛋白质的主要来源，消化过程中在口腔内几乎不发生任何变化。在胃内，首先受胃液（盐酸）的作用，发生变性膨大，并在胃蛋白酶的作用下，大部分被分解。未分解的蛋白质随食糜进入小肠后，在胰腺分泌的胰蛋白酶、糜蛋白酶和肠腺分泌的肠肽酶和组织蛋白酶的作用下，最终被降解为小分子肽和氨基酸。前者吸收入小肠黏膜，在黏膜上皮细胞肽酶作用下分解成氨基酸，然后进入血液，而后者通过黏膜上皮直接进入血液。至此，饲料蛋白质转化成可吸收利用状态。食糜由小肠进入大肠后，由于盲肠和结肠近侧部的独特运动机能，使小肠中未消化吸收的蛋白质及其分解产物，以及饲料中的非蛋白含氮物（尿素、硝酸盐和氨化物等）滞留于盲肠内，由盲肠微生物（细菌）合成菌体蛋白。菌体蛋白随"软粪"被兔吞食，再经胃和小肠消化，转化成小分子肽或氨基酸。所以，饲料蛋白质最终是以氨基酸的形式为家兔所吸收和利用。家兔能有效地消化利用饲料中的蛋白质，特别是青饲料中的蛋白质，对优质蛋白质的消化率可达 75%。饲料蛋白质在胃内被初步消化，小肠则是消化饲料蛋白的主要部位，软粪——"盲肠营养物"不仅使残存蛋白质得到消化利用，而且还增加了蛋白质的来源，如图 3-2 所示。因此"盲肠营养物"在成年兔的蛋白质消化利用上具有重要作用，而在幼龄兔则无实际意义。

2. 家兔对碳水化合物的消化吸收和代谢

碳水化合物可分为无氮浸出物和粗纤维两大类，无氮浸出物是

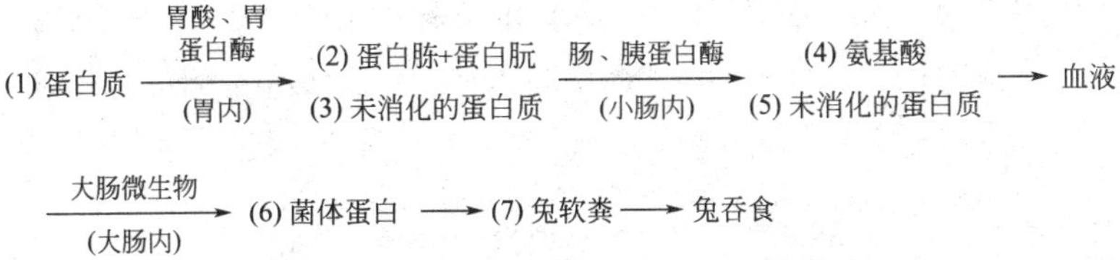

$$\text{(1) 蛋白质} \xrightarrow[\text{(胃内)}]{\text{胃酸、胃蛋白酶}} \begin{array}{c}\text{(2) 蛋白胨+蛋白胨} \\ \text{(3) 未消化的蛋白质}\end{array} \xrightarrow[\text{(小肠内)}]{\text{肠、胰蛋白酶}} \begin{array}{c}\text{(4) 氨基酸} \\ \text{(5) 未消化的蛋白质}\end{array} \longrightarrow \text{血液}$$

$$\xrightarrow[\text{(大肠内)}]{\text{大肠微生物}} \text{(6) 菌体蛋白} \longrightarrow \text{(7) 兔软粪} \longrightarrow \text{兔吞食}$$

图 3-2　蛋白质在兔体内的消化吸收过程

可溶性的，易消化的部分，包括糖类和淀粉。难消化的部分是粗纤维。

碳水化合物是家兔能量的基本来源，主要包括淀粉和粗纤维（纤维素、半纤维素和木质素）。前者为植物贮存的碳水化合物，后者则为植物体结构碳水化合物（细胞壁的组成成分）。虽然两者在化学组成上颇为相似（如淀粉和纤维素均以葡萄糖为基本结构单位），但是由于分子结构的不同，它们的消化途径和最终产物是截然不同的。

（1）淀粉　首先在家兔口腔受唾液中酶的作用，部分分解成麦芽糖和糊精，食糜从口腔进入胃内，在相当一段时间内未被胃液浸透，唾液中的酶仍有活性，继续分解淀粉。此外，家兔胃内某些细菌能产生细菌淀粉酶，这种酶可使淀粉转化为乳酸。总的说来，淀粉在胃内仅受到初步消化。当食糜从胃进入小肠后，淀粉及其分解产物相继受胰液淀粉酶、肠液淀粉酶和肠黏膜上双糖酶的作用，极大部分被分解成葡萄糖，葡萄糖通过小肠黏膜细胞吸收入血液中，残存淀粉及其分解产物随食糜进入大肠，在盲肠和结肠微生物的发酵下，产生挥发性脂肪酸（乙酸、丙酸和丁酸），通过盲肠和结肠黏膜细胞被吸收，如图 3-3 所示。

（2）粗纤维　通过家兔的口腔、胃和小肠时，只是物理磨碎作用，几乎完全不发生分解。当它们随食糜进入大肠后，在盲肠和结肠受一系列微生物分泌的纤维素分解酶的作用，降解成挥发性脂肪酸，经大肠壁吸收。

3. 家兔对脂肪的消化吸收和代谢

脂肪是家兔能量来源之一，几乎完全在小肠内进行消化。在胰脂肪酶和肠脂肪酶的作用下，脂肪分解成脂肪酸和甘油。在这个过

(1) 淀粉 ——口腔唾液酶→(口腔) (2) 麦芽糖 (3) 未消化的淀粉 ——胃细菌淀粉酶→(胃内) (4) 乳酸 (5) 未消化的淀粉 ——肠淀粉酶→(小肠内)

(6) 葡萄糖 —→ 血液

(7) 未消化的淀粉 ——大肠微生物→(大肠内) (8) 挥发性脂肪酸 —→ 血液

图 3-3   淀粉在兔体内的消化吸收过程

程中，胆汁起活化脂肪酶的作用。少量脂肪随食糜进入大肠内，被微生物分解成脂肪酸和甘油，并使部分不饱和脂肪酸氧化成饱和脂肪酸，甘油发酵成挥发性脂肪酸，被小肠黏膜吸收进入血液中，如图 3-4 所示。

(1) 脂肪 ——胰、肠脂肪酶、胆汁→ (2) 脂肪酸 —→ 血液 (3) 甘油+未被消化的脂肪 ——大肠微生物→ (4) 脂肪酸 —→ 血液

图 3-4   脂肪在兔体内的消化吸收过程

家兔日粮中植物性脂肪的含量多少与食物通过消化道的速度有关，含脂肪多的食物通过消化道的速度就慢，其养分被消化吸收的时间就长，因此，家兔日粮中脂肪含量在 5%～15% 时，饲料的消化率随脂肪含量增加而提高。

4. 家兔对矿物质的消化吸收和代谢

矿物质在兔体内的吸收和利用是以离子形式存在的，饲料矿物质在消化液中先溶解，再吸收，矿物质之间、矿物质与其他营养物质之间，存在吸收的协同作用和拮抗作用，如维生素 D 可促进钙的吸收，高脂肪日粮不利于钙的吸收。

家兔对矿物质的消化利用上的另一特点，主要表现在钙的代谢上。家兔对钙的净吸收特别高，而且不受体内钙营养代谢需要的调节，同时血钙水平也不受体内钙平衡的调节，且血钙的超滤过部分很高，当喂给家兔高钙日粮时，尿钙含量也高，表明家兔肾脏是体内钙的排泄器官，家兔只有高钙，才能忍受高磷，过多的磷由粪便排出。

5. 家兔对维生素的消化吸收和代谢

饲料中的维生素是在家兔胃肠道内溶解吸收的，家兔所需的维生素，有的可以在家兔体内合成，如 B 族维生素、维生素 C、维生素 K 等，有的可以在体内转化，如维生素 D。根据溶解性，脂溶性维生素（维生素 A、维生素 D、维生素 E、维生素 K）随脂肪的消化而被吸收，水溶性维生素（B 族维生素、维生素 C 等）在水溶液中被吸收。它们的吸收部位是小肠和大肠。

二、家兔的常用饲料

（一）能量饲料

能量饲料指饲料干物质中粗纤维含量在 18% 以下，粗蛋白含量在 20% 以下，且每千克消化能在 10.4 兆焦以上，是兔能量的主要来源，主要包括谷物类籽实，其主要成分是淀粉，通常占饲料干物质的 65%～80%，粗纤维的含量在 10% 以下，因而适口性好，消化率高。常用的有玉米、大麦、小麦、稻谷、高粱等。

能量饲料的作用特点是热能含量高，粗纤维含量少，粗蛋白质也少，磷多钙少，富含 B 族维生素，适口性好，但营养物质极不平衡，不宜单独饲喂。

玉米是家兔最常用的能量饲料，是能量饲料之王，也是能量饲料的主体，在兔的配合饲料中属于大宗饲料。其淀粉含量高，在小肠中的消化较慢，如在饲粮中用量过大，易引起大肠碳水化合物负荷过度，导致异常发酵而诱发肠炎，所以在兔饲料中其比例一般占饲粮的 28%～35%。稻谷也是家兔的常用饲料，其特点与玉米相似，在日粮中的比例应适当控制。高粱因含较多单宁，喂量以 5%～15% 为宜。玉米水分含量高于 14% 易发霉，产生黄曲霉毒素，家兔对此很敏感，饲喂时应特别注意。

（二）谷物加工副产品

小麦麸是面粉加工的副产品，因小麦的产地、加工工艺差异，其营养水平有差别，含粗蛋白、B 族维生素、矿物质磷和锰较高。小麦麸的适口性好，具有轻泻性，是家兔配合饲料不可缺少的原料。通常日粮中其加入比例为 8%～20%。

米糠有细米糠和三七统糠。细米糠营养养分很高，其能量高于玉米，蛋白质高于麸皮，属于理想的兔饲料原料。三七统糠粗纤维和脂肪含量较高，在兔饲料中其用量可与麦麸用量差不多，可当粗饲料利用。

（三）块根块茎类饲料

主要有胡萝卜、大萝卜、马铃薯、甜菜、南瓜、甘薯等，其特点是含水量高，达70％以上，干物质中淀粉含量高，粗纤维、粗蛋白含量较低，适口性好，是家兔的优质饲料。胡萝卜含丰富的胡萝卜素，在青饲料缺乏的季节，是很好的维生素 A 补充饲料；饲喂马铃薯时要注意，因贮藏不当会产生龙葵素、氰苷。

（四）蛋白质饲料

蛋白质饲料一般指干物质中粗蛋白含量高于 20％，粗纤维含量低于 18％的饲料。主要包括植物性蛋白质饲料、动物性蛋白质饲料、单细胞蛋白质饲料。

1. 植物性蛋白质饲料

主要包括豆科籽实及其油脂工业加工副产品。豆饼、豆粕、花生饼是最常用的蛋白质饲料，粗蛋白含量在 40％以上，赖氨酸、蛋氨酸含量高，适口性好，品质好，家兔日粮中其用量可占20％～30％。但是，生豆粕（饼）含有抗胰蛋白酶，所以，饲喂时一定要熟制。

菜子饼粗蛋白在 30％以上，但带辛辣味，适口性较差，经热处理后其用量可占日粮的 15％。棉子饼的蛋白质含量 22％，粗纤维含量高为 10％～20％。

棉子饼脱壳后制成棉子粕，适口性差并都含有毒性物质棉酚，棉酚在动物有机体内呈蓄积性中毒，饲喂时一定要经脱毒处理。

花生饼适口性好，但是含的油脂较高，储存不当容易产生黄曲霉毒素。

豆科籽实含油脂较高，含有抗胰蛋白酶，饲喂时一定要熟制，不可超过日粮的 10％。

2. 动物性蛋白质饲料

鱼粉是比较理想的蛋白质饲料，由于适口性较差及价格较贵，用量在 1%～3%，另外，鱼粉易使胴体带有鱼腥味，在肥育兔中不宜使用。水解羽毛粉含胱氨酸、精氨酸较多，对产毛兔或换毛期的兔有利，用量通常在 3%。

3. 单细胞蛋白质饲料

是从单细胞有机体获得的蛋白质，作为蛋白质饲料的新资源，也迅速被养殖业所重视。包括饲料酵母、藻类。单细胞蛋白质饲料的粗蛋白含量高、维生素含量丰富，兔饲料中其添加量一般不超过 10%。

（五）青绿饲料

青绿饲料指家兔可以采食的绿色植物的总称。其天然水分含量高（含水率大于 60%），适口性好，维生素含量丰富，但体积大，营养不平衡。

1. 牧草类

豆科牧草粗蛋白含量较高，钙含量也高，常见的有苜蓿、三叶草、紫云英、鸡脚草、柱花草等。按干物质计算粗蛋白的含量可以满足家兔的需要，但因其氨基酸不平衡，蛋白效价低。

禾本科牧草粗蛋白不足，粗纤维含量较高，营养不及豆科牧草，但产量高，适口性也好，是兔的主要饲料。如黑麦草、象草、苏丹草、燕麦草、猫尾草等。

苋科牧草的代表有紫粒苋，高产优质，蛋白含量高，适口性好，也属于家兔的优质饲料。

2. 蔬菜类

蔬菜都可作为兔饲料，主要包括白菜、胡萝卜、甘蓝，但水分含量过高，易使兔患消化道疾病，故应限制用量。

3. 青刈作物类

指玉米、麦类、豆类等进行人工密植在籽实未成熟前进行刈割喂兔，甘薯藤、花生秧等也属于此类。青玉米秸鲜嫩多汁，适口性好，含丰富的碳水化合物，产量高；青刈大麦苗、青刈燕麦苗再生性强，叶片茂盛，适口性好。这类饲料一定要做好种植饲喂计划。

4. 树叶类

有些青绿树叶的营养价值很高，适口性好，是兔的良好饲料。主要有槐树叶、柳树叶、桑叶、榆树叶、茶树叶等。

5. 水生植物类

我国南方地区十分丰富，如水浮莲、水葫芦、水花生、绿萍等都可做兔饲料，但含水量特别高，且易感染寄生虫，所以喂前应洗净，晾干再喂为佳。

6. 以草代药防治兔病的草

（1）抗菌抗毒　大蒜、野葱、青蒿、桑根、板蓝根、大青叶等，可预防一般性细菌病毒病。

（2）止泻收敛　马齿苋、马兰、葎草、六月雪、铁苋菜、芥菜、石榴皮等，可预防一般的消化道疾病。

（3）抗球虫　柳树叶、苦楝树叶、断肠草，有预防和治疗兔球虫病的作用。

（4）催情作用　鲜麦芽（豆芽）、菟丝子、益母草等。

7. 有毒的草

乌头、野姜、颠茄、水芋、曼陀罗花、蓖麻、马铃薯秧、西红柿秧、白头翁、夹竹桃等有毒，不能用于喂兔；天竺葵、芥菜、大戟等，对幼兔会引起消化失调，对成年兔则无害。

（六）粗饲料

粗饲料是指饲料干物质中粗纤维的含量超过 18% 的一类饲料，包括农作物秸秆、秕壳、各种人工干草、干树叶等。因受收获、晾晒工艺和运输、贮存条件的影响，所含养分差异较大。

1. 青干草

因收获季节及晒制过程对青干草的营养价值影响很大，一般豆科牧草在开花初期、禾本科牧草在抽穗期收割最好。制作得当，营养成分损失 18%～30%，可作为冬春季饲草不足时的主要饲料来源。一般豆科干草含较多的蛋白质。在制作兔的全价颗粒饲料中，广泛利用青干草打成的草粉作为主要原料之一。

2. 秸秆及秕壳

秸秆是成熟的农作物收获种子以后的茎秆、叶片、籽实的外壳及秕子，如稻草、玉米秸、谷草、燕麦秸、花生蔓等。营养价值较低，主要用作补充粗纤维。

（七）矿物质饲料

在生长发育和繁殖过程中，矿物质是不可缺少的营养物质。常用饲料中虽然均含有一定的矿物元素，但在高效率生产情况下，饲料原料中的含量不能满足其需要，必须按一定比例额外添加。常用的矿物质饲料主要有以下几种。

（1）食盐　即氯化钠。对于提高家兔食欲，促进营养物质的消化吸收和维持体液平衡，起到重要作用。由于植物性饲料中钾多钠少，不能满足家兔需要，必须补充。一般食盐占兔风干日粮的0.3%～0.5%。一般地区以粗制食盐（大粒盐）粉碎后混在饲料中即可。家庭小型兔场，可将食盐溶在水里，以盐水拌料。对于缺碘地区，应补加含碘食盐。

（2）石粉　石粉是天然的碳酸钙，是日粮钙的主要补充料，一般含钙35%以上，是钙的廉价来源。石粉来源很广，合格石粉一般占兔日粮的1%～3%。

（3）贝壳粉　包括蚌壳、牡蛎壳、蛤蜊壳和贝壳等。主要含钙。新鲜贝壳含有有机质，应进行加热处理，粉碎后饲用。贝壳粉一般含钙30%以上，是良好廉价的钙补充料。

（4）蛋壳粉　包括鸡、鸭、鹅等各种禽蛋壳，含钙35%以上，含磷0.18%。蛋壳来源广泛，孵化场和蛋品加工厂是蛋壳的主要来源。新鲜蛋壳含有很多有机质，容易受到污染，应进行消毒或加热灭菌处理，粉碎后饲喂。

（5）骨粉　是动物骨骼经加工后而成。按加工方法不同，可分煮骨粉、蒸骨粉和焙烧骨粉。煮骨粉是骨头在锅炉中煮沸，直至附着组织脱落，再经粉碎而成，此法脱去了部分脂肪。蒸骨粉是骨头在蒸汽压力下加热，除去骨油和肉屑粉碎而成。焙烧骨粉即骨灰，是将骨头置一定金属容器内燃烧而成。焙烧骨粉是对可疑废弃骨处理最可靠的方法。骨粉是钙和磷的来源，含钙一般为24%～32%，磷11%～15%。

（6）膨润土　是一种复杂的化合（混合）矿物，含矿物元素11种以上，主要有硅、钙、铝、钾、镁、铁、钠等，成分大致为硅 30%、钙 10%、铝 8%、钾 6%、镁 4%、铁 4%，钠 2.5%、锰 0.3%，氯 0.3%、锌 0.01%、铜 80mg/kg、钴 40mg/kg。这些物质大都是家兔生长发育所需要的常量元素和微量元素。膨润土具有营养、吸附、置换、黏合和悬浮等功能。可吸收体内有毒物质（如 NH_3、H_2S）和吸附胃肠道中的有害微生物、抑制其生长。在兔日粮中加入 1%，具有明显提高家兔生产性能和减少疾病的作用。

（7）沸石粉　我国沸石矿产丰富，尤以内蒙古牙克石、河北承德围场和张家口等地贮量大。沸石主要含有氧化硅和氧化铝，有近 30 种对畜体有益的元素。由于沸石具有特殊的理化结构，因此具有良好的吸附性和离子交换性。饲料中加入一定的沸石粉，可明显减少幼兔的腹泻率，提高日增重，降低饲料消耗，兔舍气味得到改善。兔日粮中一般加入 1%～3%。

（8）麦饭石　麦饭石是一种多功能矿物，在医药业上将其作为健胃保肝、调节新陈代谢、增强人体免疫力的药物使用。在食品、环保、保健、美容、化工及饲料添加剂等方面均已开发利用。麦饭石主要成分是氧化硅和氧化铝。麦饭石在兔日粮中可加入 1%～3%。

『专家提示』

（1）矿物质饲料通常用于工厂化、集约化的养兔生产配制全价颗粒饲料，对粗放型养兔意义不大。

（2）以上介绍的矿物质饲料在兔日粮中添加的比例，是指只添加其中一种时的比例，并非这些矿物质饲料同时加入。

（八）饲料添加剂

家兔在舍饲条件下，所需的营养物质完全依赖于饲料供给。家兔的配合饲料，一般都能满足家兔对能量和蛋白质、粗纤维、脂肪等的需要，但是不能满足家兔对一些微量营养物质的需要，必须另行添加。为了使营养物质能高效率地转化成兔产品，配合饲料中必须加入促进生长和产毛等所需的物质。此外，还需加入预防常发病、防止饲料变质的制剂。这些添加物总称为饲料添加剂，按添加目的大致可分为以下几类。

1. 营养性添加剂

包括维生素添加剂、氨基酸添加剂和微量元素添加剂等，目的在于提高配合饲料营养上的全价性。

（1）氨基酸添加剂 通常家兔饲料中必需氨基酸的含量与家兔需要量之间存在一定的差距，如蛋氨酸和赖氨酸明显少于需求量，需要直接添加。对毛用兔来说，饲料中精氨酸的供给量与需要量也有较大的差距，用富含精氨酸的羽毛粉以满足毛用兔对精氨酸的需要。

（2）维生素添加剂 家兔盲肠微生物能利用食糜物质合成 B 族维生素和维生素 K，所以这类维生素一般不会缺乏，但脂溶性维生素 A、维生素 D、维生素 E 则必须由饲料供给。在不喂青绿饲料而以配合饲料为主的情况下，通常维生素 A、维生素 D、维生素 E 含量不足，需添加这些维生素制剂。

（3）微量元素添加剂 是补充饲粮中某些微量元素的不足，维持和促进生理和生产需要。常用的添加剂有硫酸盐、碳酸盐、氧化物、氯化物等。一般需要向饲料中添加的微量元素有铁、铜、锌、锰、硒、碘等。在选择时，应该尽量选择水溶性好、家兔吸收率较高的微量元素化合物。添加量遵从饲养标准中规定的含量，即忽略基础日粮中微量元素的含量。

2. 非营养性添加剂

非营养性添加剂指用于刺激动物生长、提高增重速度、改善饲料品质、驱虫保健、增进动物健康的一类添加剂。包括以下几种。

（1）抗生素类添加剂 属低分子有机化合物，目前用作动物饲料添加剂，可根据范围分为两类：人畜共享类添加剂，如青霉素、链霉素、卡那霉素等；动物专用类添加剂，如四环素、土霉素、泰乐菌素等。主要功能是预防疾病、促进生长、提高饲料转化率。

（2）驱虫保健添加剂 在集约化生产中，高密度的饲养家兔极容易感染寄生虫病，尤其是球虫病。抗球虫药物一般分为合成类抗球虫药和聚醚类抗生素抗球虫药，如盐酸氨丙啉、莫能霉素钠、氯苯胍、地克珠利等。实践中，抗球虫药应交替使用，以免产生抗药性。

（3）饲料品质改善添加剂　饲料品质的改善是为了减少饲料产品在贮藏、运输等过程中的营养损失和理化性质的改变，保证饲料质量，改善饲料的采食和消化而在日粮中添加的一类添加剂，包括抗氧化剂、防霉防腐剂、黏合剂等。

3. 中草药添加剂

（1）单方添加剂　有海带粉（对球虫具有较强的杀灭和抑制功能）、硫黄粉（可补中益气、健脾补虚，增强抗病力）、花针粉（含有植物激素、甾醇植物杀菌素等生物活性物质和铁、铜、锌、锰、钴等微量元素）、艾叶粉（促进血液循环，提高抗病力、提高繁殖率及改善饲料利用率）、大蒜（蒜头中含有大蒜素，是散寒化湿、杀虫解毒药）等。

（2）复方添加剂　有催情散（可提高繁殖率）、四黄散（可防治兔球虫病、巴氏杆菌病）、常胡散（可防治兔球虫病）。中草药添加剂添加时用量一般占日粮的 $0.2\%\sim0.5\%$。

4. 新型添加剂

（1）酶制剂　目前进口的酶制剂有保增乐，兔的添加量为 0.25%；八宝威，添加量每吨 $0.25\sim1.0$ 千克；国产的有溢多利复合酶、ESB 高量氨基酸活性饲料酵母，添加量为 $2\%\sim4\%$，多维高蛋白活性饲料酵母，添加量为 $2\%\sim4\%$。

（2）微生态制剂：指动物体内正常的有益微生物经过特殊工艺制成的活菌制剂。包括微生物促生长剂和益生素。

『知识链接』

（1）低聚木糖　它在兔的消化道内不会被消化、吸收和利用，而作为益生菌繁殖的底物，被有益菌分解吸收，促进有益菌的大量增生，防止兔腹泻与便秘。同时，它还可以阻止病原菌生长和定植。因为肠道内的病原菌必须黏结定植在肠黏膜上才能繁殖，导致该处出现炎症。低聚木糖分子在兔肠道内黏在病原菌细胞膜上，病原菌就不能在肠黏膜上定植，会很快随粪便排到体外，从而起到间接杀灭病原菌，保护肠黏膜的作用。

（2）益生王　是益生菌的商品名。其作用是加大肠道有益菌的比例，使肠道常在病原菌的比例缩小，由于肠道有益菌占绝对优势，可抑制病原菌的生长与繁殖，从而使兔不发生肠道病；有益菌在肠道内繁衍，促进肠道内多种有机酸、维生素系列营养成分有效合成和吸收利用，降低肠道 pH 值，抑制肠道内包括多种革兰阳性菌在内的病原菌的繁殖；益生菌代谢物仅是一种免疫激活剂，可有效提高巨噬细胞活性，增强兔体的免疫力；能抑制肠道有害物质产生，从而净化肠道内环境。特别是刚断奶不久的幼兔，由于出现应激反应，消化酶活性降低，免疫功能受抑制，使消化器官功能受到影响，抵抗力降低，原先肠道内存在并受到抑制的大肠杆菌、魏氏梭菌等致病菌乘机大量繁殖，产生毒素，导致腹泻概率提高。

『专家提示』

（1）从仔兔 18 日龄补充饲料起，在其饲料中添加益生王，直到出售，可以大大降低幼兔的腹胀、腹泻率，提高商品兔的育成率。

（2）仔兔从 18 日龄补饲开始，在其饲料中添加低聚木糖，有利于肠道优势菌群的建立，有利于病原菌排出，可起到净化肠道的作用。低聚木糖与益生菌合用，预防幼兔肠道疾病的效果特别好。

（3）使用益生菌和使用抗生素防病，作用机理相反，目的相似，前者是补，后者是杀，所以前者是健康安全养兔，有利于兔群健康，是健康养兔的核心技术。

（4）从仔兔 18 日龄补充饲料开始，就要在饲料中添加复合酶，它能把饲料中的大分子物质分解为小分子物质，减轻仔兔消化道的负担。例如，胃蛋白酶和胰蛋白酶能把饲料中的蛋白质分解为肽或氨基酸，有利于仔兔进一步消化和吸收；

把淀粉分解为葡萄糖由小肠直接吸收。如果不给刚断奶仔兔补充复合酶制剂，营养物质就不能在小肠中被完全消化和被完全吸收，剩余的营养物质进入大肠（包括盲肠、结肠和直肠），被大肠中的产气杆菌分解，产生大量气体，导致兔胀肚，进而出现腹泻，死亡率也很高。而在兔饲料中添加复合酶，特别是幼兔，可避免其胃肠消化酶缺少和活力降低，使营养物质在胃肠中消化充分，在小肠中吸收的比例大，进入大肠的内容物多为纤维素，幼兔腹胀、腹泻率就能大大降低。

三、家兔的营养需要与饲养标准

（一）家兔营养需要

家兔营养需要是指家兔在维持生命活动及生产（生长肥育、繁殖泌乳、生产皮毛）过程中，对各种营养物质的需要，即家兔的维持需要和生产需要。

1. 家兔的维持需要

家兔的维持需要是指家兔不进行任何生产所需要的最低营养水平。只有满足家兔的最低需要后，多余的营养物质才用于生产。从生理上讲，维持需要是必要的；从生产上讲，这是一种无偿的损失。家兔的维持需要受品种、年龄、体重、性别、饲养水平、活动量以及环境条件等因素的影响。通常，活动量越大，维持需要越大；生产力越高，维持需要相对越小；环境温度越高（或越低），维持需要就越大。

（1）维持能量需要　家兔在维持状态时，能量一部分用于基础代谢消耗，即维持各器官机能的实现和一定的自由活动，试验证明，基础代谢与家兔的代谢体重（体重的 0.75 次方）成正比。维持需要约为基础代谢的 2 倍，即 $2aW \times 0.75$，W 为兔体重，a 为每千克代谢体重的需要量。

（2）维持蛋白需要　成年兔饲粮粗蛋白含量为 8% 时基本可满足需要。

2. 家兔的生产需要

（1）生产的能量需要

① 生长的能量需要。单位增重所需要的能量并不固定，而是随着年龄、体重的增大而上升。据测定，生长兔每增重 1 克所沉积的能量为 7.53 千焦（45 日龄）、8.69 千焦（80 日龄）、9.57 千焦（6 月龄）。而当饲粮体积大，受胃肠容量所限，消化能摄入量不足，兔的生长速度减慢。但超过 11.3 兆焦/千克时，生长速度反而下降。

② 妊娠和哺乳的能量需要。在母兔体本身不增加的情况下，妊娠前期的 20 天平均每天至少需要消化能 1.14 兆焦，后 10 天为 1.77 兆焦，后期是前期的 1.55 倍。而哺乳的能量需要取决于哺乳量的高低和哺乳仔兔的多少。体重 4 千克的泌乳母兔，每天泌乳 200 克时，能量需要为 3.72 兆焦，比妊娠后期高 1.11 倍，一般饲粮在母兔达到最大采食量时也满足不了需要。所以，在哺乳期间，母兔都会出现失重，分解体脂以满足产乳的需要。

③ 产毛的能量需要　每产 1 克兔毛需要供应大约 112.21 千焦的消化能。

（2）生产的蛋白需要

① 生长兔的需要。生长兔比较适宜的粗蛋白质水平为 15%～16%。

② 妊娠、哺乳的需要。妊娠母兔饲粮中粗蛋白达 15%～16% 为宜；哺乳母兔日粮中的粗蛋白水平不应低于 18%，粗蛋白水平达 22% 时，仍有提高哺乳母兔泌乳量的作用。

③ 产毛的蛋白质需要。每产 1 克毛约需 2 克的可消化粗蛋白，即饲料的粗蛋白质含量为 15%～18%。

（3）氨基酸需要　饲料中最可能缺乏的是赖氨酸、蛋氨酸、色氨酸。生长兔日粮中赖氨酸和含硫氨基酸的适宜水平为 0.6%～0.65%。产毛兔对含硫氨基酸需要量较高，当达 0.8% 时，产毛量最高，但超过后产毛量反而下降。常用饲料配方日粮中含硫氨基酸一般为 0.4%～0.5%，为此，常规性添加 0.2%～0.3% 对提高产毛量是有效的。

（4）矿物质的需要

① 钙、磷的需要。肉兔饲粮中含钙量为 1％左右可满足需要。兔可有效利用植酸磷，P＞1％时适口性显著变差，甚至拒食。适宜的 Ca、P 比例，有助于 Ca、P 的正常利用，适宜的钙磷比为 2∶1。

② 镁的需要。生长兔日粮中 Mg 的含量在 0.25％～0.34％比较适宜。

③ 钾、钠、氯的需要。兔饲粮中不可能缺钾，钾的需要量为 0.6％左右，高到 1％时可使生长减慢。

植物性饲料中缺乏 Na 元素，所以草食家畜的饲粮中都要补充食盐，在饲粮中添加 0.5％的食盐可以满足兔对钠和氯的需要。

④ 锰的需要。成年兔饲粮中锰需要量为 2.5 毫克/千克，生长兔则高达 8.5 毫克/千克。

⑤ 锌的需要。饲粮中锌的需要量为 50 毫克/千克，缺锌时会出现生长缓慢、繁殖障碍和皮炎。

⑥ 碘的需要。需要量为 0.2 毫克/千克，通过添加碘盐即可满足。

⑦ 铁、铜的需要。兔常用饲料中一般不会缺铁。家兔对铜的需要量约为 3 毫克/千克饲粮，但加入高铜（200 毫克/千克）能促进生长及饲料利用率，超过 500 毫克/千克则有毒性作用。

（二）家兔的饲养标准

（1）饲养标准是根据不同年龄、体重、生理特点和生产性能所制定的每兔每天所需要的各种营养物质数量。依据饲养标准配合日粮，能经济有效地利用日粮，还能充分发挥家兔的生产潜力和提高经济效益。饲料标准具有一定的科学性，是家兔生产中制定科学日粮配方，组织生产的依据。

（2）饲养标准中的每个数据都是科学试验的平均结果，同时也随着试验方法的进步，品种的改良和生产水平的提高而需要不断修订和完善。因此，生产上应因地制宜，灵活运用。

（3）我国建议的各种家兔的营养标准

① 我国建议的家兔营养供应量：见表 3-1。

表 3-1 我国建议的家兔营养供应量

营养指标	生长兔		妊娠兔	哺乳兔	成年产毛兔	生产肥育兔
	3～12周龄	12周龄后				
消化能/(兆焦/千克)	12.2	11.29～10.45	10.45	10.87～11.29	10.03～11.87	12.12
粗蛋白质/%	18	16	15	18	14～16	16～18
粗脂肪/%	2～3	2～3	2～3	2～3	2～3	3～5
钙/%	0.9～1.1	0.5～0.7	0.5～0.7	0.8～1.1	0.5～0.7	1.0
总磷/%	0.5～0.7	0.3～0.5	0.3～0.5	0.5～0.8	0.3～0.5	0.5
赖氨酸/%	0.9～1.0	0.7～0.9	0.7～0.9	0.8～1.0	0.5～0.7	1.0
胱氨酸+蛋氨酸/%	0.7	0.6～0.7	0.6～0.7	0.6～0.7	0.6～0.7	0.4～0.6
精氨酸/%	0.8～0.9	0.6～0.8	0.6～0.8	0.6～0.8	0.6	0.6
食盐/%	0.5	0.5	0.5	0.5～0.7	0.5	0.5
铜/(毫克/千克)	15	15	10	10	10	20
铁/(毫克/千克)	100	50	50	50	50	100
锰/(毫克/千克)	15	10	10	10	10	15
锌/(毫克/千克)	70	40	40	40	40	40
镁/(毫克/千克)	300～400	300～400	300～400	300～400	300～400	300～400
碘/(毫克/千克)	0.2	0.2	0.2	0.2	0.2	0.2
维生素 A/国际单位	6000～10000	6000～10000	6000～10000	8000～10000	6000	8000
维生素 D/国际单位	1000	1000	1000	1000	1000	1000

② 我国建议的毛兔营养需要量：见表 3-2。

表 3-2 我国建议的毛兔营养需要量

营养指标	幼兔	青年兔	妊娠母兔	哺乳母兔	产毛兔	种公兔
消化能/(兆焦/千克)	10.45	10.04～10.64	10.04～10.64	10.88	10.04～11.72	12.12
粗蛋白质/%	16～17	15～16	16	18	15～16	17
可消化蛋白/%	12～13	10～11	11.5	13.5	11	13

续表

营养指标	幼兔	青年兔	妊娠母兔	哺乳母兔	产毛兔	种公兔
粗纤维/%	14	16	14～15	12～13	12～17	16～17
粗脂肪/%	3.0	3.0	3.0	3.0	3.0	3.0
钙/%	1.0	1.0	1.0	1.2	1.0	1.0
总磷/%	0.5	0.5	0.5	0.8	0.5	0.5
赖氨酸/%	0.8	0.8	0.8	0.9	0.7	0.8
胱氨酸＋蛋氨酸/%	0.7	0.7	0.8	0.8	0.7	0.7
精氨酸/%	0.8	0.8	0.8	0.9	0.7	0.9
食盐/%	0.3	0.3	0.3	0.3	0.3	0.3
铜/(毫克/千克)	2～200	10	10	10	20	10
锰/(毫克/千克)	30	30	50	50	30	30
锌/(毫克/千克)	50	50	70	70	70	70
钴/(毫克/千克)	0.1	0.1	0.1	0.1	0.1	0.1
维生素 A/国际单位	8000	8000	8000	10000	6000	12000
胡萝卜素/(毫克/千克)	0.83	0.83	0.83	1.0	0.62	1.2
维生素 D/国际单位	900	900	900	1000	900	1000
维生素 E/(毫克/千克)	50	50	60	60	50	60

③ 我国推荐的獭兔饲养标准：见表 3-3。

表 3-3 我国推荐的獭兔饲养标准

营养指标	生长兔	成年兔	妊娠兔	哺乳兔	毛皮成熟兔
消化能/(兆焦/千克)	10.46	9.20	10.48	11.3	10.46
粗蛋白质/%	16.5	15	16	18	15
粗脂肪/%	3	2	3	3	3
粗纤维/%	14	14	13	12	14
钙/%	1.0	0.6	1.0	1.0	0.6
磷/%	0.5	0.4	0.5	0.5	0.4
胱氨酸＋蛋氨酸/%	0.5～0.6	0.3	0.6	0.4～0.5	0.6

营养指标	生长兔	成年兔	妊娠兔	哺乳兔	毛皮成熟兔
赖氨酸/%	0.6～0.8	0.6	0.6～0.8	0.6～0.8	0.6
食盐/%	0.3～0.5	0.3～0.5	0.3～0.5	0.3～0.5	0.3～0.5
日采食量/克	150	125	160～180	300	125

④ 我国推荐的肉兔饲养标准：见表 3-4。

表 3-4　我国推荐的肉兔饲养标准

营养成分	单位	生长兔		妊娠兔	哺乳兔
		3～12 周龄	12 周龄后		
消化能	兆焦/千克	12.13	11.29	10.45	10.87～11.29
	兆卡/千克	2.90	2.70	2.50	2.60～2.70
粗蛋白	%	18	16	15	18
粗纤维	%	8～10	10～14	10～14	10～12
粗脂肪	%	2～3	2～3	2～3	2～3
钙	%	0.9～1.1	0.5～0.7	0.5～0.7	0.8～1.1
磷	%	0.5～0.7	0.3～0.5	0.3～0.5	0.5～0.8
铜	毫克/千克	15	15	10	10
铁	毫克/千克	100	50	50	100
锰	毫克/千克	15	10	10	10
锌	毫克/千克	70	40	40	40
镁	毫克/千克	300～400	300～400	300～400	300～400
碘	毫克/千克	0.2	0.2	0.2	0.2

⑤ 家兔常用饲料营养价值：见表 3-5。

表 3-5　家兔常用饲料营养价值

饲料名称	干物质/%	粗蛋白质/%	粗脂肪/%	粗纤维/%	无氮浸出物/%	灰分/%	Ca/%	P/%	总能/(兆焦/千克)
鱼粉(进口)	91.7	58.5	9.7			15.1	3.91	2.90	18.74
鱼粉(进口)		60.5	8.6			14.4	3.93	2.84	
鱼粉(国产)		46.9	7.3	2.9		23.1	5.53	1.45	
鱼粉	92.0	65.8		0.8	1.6		3.7	2.6	
血粉(猪)	90.4	85.8	0.2			4.4	0.39	0.20	20.54
血粉(牛)	85.3	80.8	0.3			3.2		0.09	19.58
血粉(羊)	92.4	88.4	0.2			3.8	0.04	0.10	21.17
玉米(白)	88.2	7.8	3.4	2.1	73.3	1.4	0.02	0.36	16.40
玉米(黄)	88.0	8.5	4.3	1.3	72.2	1.7	0.08	0.21	16.65
大麦(黑龙江)	88.0	10.4	2.3	5.5	65.8	4.0	0.02	0.48	15.90
大麦(河南)	88.5	9.8	2.6	5.1	68.0	3.0			16.19
大麦(平均)	88.8	10.8	2.0	4.7	68.1	3.2	0.12	0.29	16.15
稻谷(辽宁)	93.8	7.5	2.0	8.8	69.2	6.3			16.65
稻谷(平均)	92.3	8.7	1.0	7.8	70.0	4.8	0.10	0.22	16.15
高粱(平均)	89.3	8.7	3.3	2.2	72.9	2.2	0.03	0.28	16.11
小麦(平均)	91.8	12.1	1.8	2.4	73.2	2.3	0.07	0.36	16.40
小麦粉	87.6	13.4	1.6	2.0	68.5	2.1	0.04	0.39	16.23
小麦麸	89.5	15.6	3.8	9.2	56.1	4.8	0.14	0.96	16.95
米糠(平均)	88.3	11.5	16.1	8.1	43.5	9.1	0.07	1.52	18.16
统糠(三七)	90.9	6.9	3.8	29.3	39.1	11.8	0.14	0.57	15.15
黑麦	85.9	9.7	1.4	2.1					
黑麦麸	88.0	14.1	3.7	6.3		4.6	0.05	0.13	16.28
小米粉	89.0	13.8	7.8		63.0	2.2			15.77
蚕豆(平均)	88.0	24.9	1.4	7.5	50.9	3.3	0.15	0.4	17.41

续表

饲料名称	干物质/%	粗蛋白质/%	粗脂肪/%	粗纤维/%	无氮浸出物/%	灰分/%	Ca/%	P/%	总能/(兆焦/千克)
大豆(北京)	90.2	40.0	16.3	6.3	23.1	4.5	0.28	0.61	21.34
大豆(次)	90.8	31.7	13.4	12.7	23.2	3.8	0.31	0.48	21.51
大豆(平均)	88.0	37.0	16.2	5.1	25.1	4.6	0.27	0.48	21.09
花生	92.0	49.0	2.4	10.5					
玉米蛋白粉	90.0	39.7		3.4	27.6	2.4	0.23	0.39	21.59
饲料酵母	90.6	41.2	2.8		37.8	8.8			17.57
大白菜	4.0	1.1	0.1	0.6	1.1	1.1			0.59
白菜(营养期)	5.1	1.1	0.3	0.5	2.3	0.9			0.88
甘蓝	10.0	1.8	0.4	1.6	5.0	1.2	0.08	0.04	1.76
甘蓝	8.5	1.7	0.1	0.9					
苜蓿(北京)	29.2	5.3	0.4	10.7	10.2	2.6	0.49	0.09	5.10
苜蓿(现蕾期)	15.4	4.5	0.5	2.6	5.8	2.0			2.76
苜蓿(初花期)	28.8	5.1	0.9	7.6	13.4	1.8	0.35	0.09	5.27
冬瓜	3.0	0.4		0.4	1.9	0.3	0.02	0.01	0.50
胡萝卜(红色)	12.0	0.9	0.2	1.1	9.0	0.8	0.04	0.02	2.05
胡萝卜(黄色)	10.0	0.9	0.3	0.9	7.1	0.8	0.32	0.32	1.76
豆饼(机榨)	90.6	43.2	5.3	6.3	31.6	5.4	0.32	0.50	18.33
豆饼(浸提)	86.1	43.5	6.9	4.5		4.8	0.28	0.57	17.78
豆粕(浸提)	90.0	47.7	1.0	4.7	30.6	6.0			17.99
菜子饼(机榨)	92.2	36.4	7.8	10.7	29.3	8.0	0.73	0.95	18.79
菜子粕(浸提)	91.2	41.4	1.4	11.8	29.9	6.7	0.79	0.96	17.74
棉仁饼(机榨)	92.2	33.8	6.0	15.1	31.2	6.1	0.31	0.64	18.58
棉仁粕(浸提)	89.2	32.6	0.6	13.6	36.8	5.6	0.23	0.90	16.86
花生饼(平均)	90.0	43.9	6.6	5.3	29.1	5.1	0.25	0.52	19.12

续表

饲料名称	干物质/%	粗蛋白质/%	粗脂肪/%	粗纤维/%	无氮浸出物/%	灰分/%	Ca/%	P/%	总能/(兆焦/千克)
芝麻饼(平均)	92.0	39.2	10.3	7.2	24.9	10.4	2.24	1.19	19.04
葵花饼(带壳)	92.5	32.1	1.2	22.8	30.5	5.9	0.29	0.84	17.49
葵花饼(压榨)	93.8	28.7	8.6	19.8	30.6	6.1	0.65	0.70	19.16
玉米胚芽饼	91.8	16.8	4.4	5.5	58.3	6.8	0.04	1.48	16.90
豆腐渣	14.9	5.0	1.8	2.1	5.4	0.6	0.09		3.22
豆腐渣(平均)	10.0	2.8	1.2	1.7	3.9	0.4	0.05	0.03	2.14
粉渣(绿豆)	14.1	2.1	0.1	2.8	8.7	0.3	0.06	0.03	2.55
粉渣(豌豆)	15.0	3.5	1.5	2.7	4.1	3.2	0.13		2.64
粉渣(蚕豆)	15.0	2.2	0.1	4.8	7.5	0.4	0.07	0.03	2.72
粉渣(玉米)	15.0	1.8	0.7	1.4	10.7	0.4	0.02	0.02	2.85
粉渣(马铃薯)	15.0	1.0	0.4	1.3	11.7	0.6	0.06	0.04	2.68
酱油渣	30.0	8.2	5.1	3.8	8.7	4.2	0.18	0.13	6.19
酒糟	35.0	5.8	3.9	7.5	14.8	3.0	0.15	0.17	6.82
啤酒糟	25.0	6.9	1.5	3.8	11.6	1.2	0.09	0.12	4.94
贝壳粉							32.6		
蛋壳粉							37.6	0.15	
骨粉							30.12	13.46	
磷酸钙							27.91	14.38	
磷酸氢钙							23.10	18.70	
石粉							35.0		
碳酸钙							40.0		

四、家兔的饲料配方

(一) 设计饲料配方的一般原则

1. 选择合适的饲养标准

家兔的饲养标准是配制家兔饲料最基本的依据，从生产实际出发，根据家兔的品种、年龄、体重、生理状态、生产目的与水平选择相应的饲养标准。例如，家兔正处于哺乳阶段，配合日粮时应选哺乳阶段的饲养标准，而其他如生长育肥、妊娠等标准都不适宜。标准选定后再根据饲养实践中积累的经验加以修正，最后确定日粮的营养水平。

2. 选用适宜的饲料原料

饲料营养价值评定表及生产中积累的经验是选择饲料的依据。优质饲料原料是科学饲料配制的基础。因此，在选择某种饲料时，要全面分析评价其营养特性，明确该饲料的突出优点和严重缺陷。比如某种氨基酸含量高或含有某种毒素，使用时要扬长避短，合理搭配。另外，在选择饲料时还要注意以下几个方面。

第一，饲料的含水量。含水量过高不仅使饲料养分浓度降低，而且给饲料贮存带来麻烦，极易使饲料在贮存过程中发霉变质。

第二，注意饲料的适口性。饲料适口性的好坏直接影响兔子的采食量。适口性好的饲料兔子喜欢吃，可提高饲料的利用率；饲料养分含量很高，但适口性差，兔子不喜欢吃，会造成浪费。

第三，注意饲料的品质。如有没有霉变、金属污染杂质、甚至掺假等，对有异味可能会影响兔产品质量的饲料要限制使用。

第四，尽量多选择几种饲料，因为任何一种饲料都不能满足家兔的所有需求，只有集合多种饲料，互相补充，才能配成营养全面、平衡的日粮。

第五，在选择饲料时还应注意配伍禁忌，尤其一些化学产品如矿物质、维生素及一些药物等，在添加时不仅量有限制，而且添加顺序也有严格的要求。另外，一些国家明令禁止的药物不可添加。

第六，在选择饲料时，必须因地制宜，就地取材，充分利用当地资源，减少运输、贮存堆积损耗以降低成本。同时又要算大账、算总账，开源节流。有的为了一味地降低饲料成本，盲目加大廉价粗饲料的比例，结果适得其反，倒增加了生产成本。

第七，注意能量、蛋白质、氨基酸等各种营养物质间的比例关系，饲料成本虽有增加，但饲料转化率提高，总的经济效益还是高得多。家兔是单胃草食动物，具有发达的盲肠，可耐受高水平的粗纤维，喜欢采食青绿多汁饲料及颗粒料。

『专家提示』

(1) 以能量采食是兔采食量的特点，因此一定要特别注意日粮能量与蛋白质、氨基酸及其他养分的比例关系，尽量使日粮营养平衡。同时对日粮粗纤维水平也应特别注意，粗纤维在家兔饲养与营养中起着非常重要的作用。如果纤维水平失衡，含量低则导致疾病，造成生产损失。含量高则降低日粮养分浓度，且影响其他养分的消化吸收。

(2) 配制饲料一定要尽量降低饲料成本，设计配方更重要的原则是以最低的成本取得最大的经济效益。在养兔生产中，饲料成本往往占养殖成本的 60% 左右，甚至更多，因此，在选择饲料原料时，一定要注意市场行情，在确保营养水平不打折扣的情况下，尽量选择价位低的原料。

(二) 饲料配方设计

给家兔设计一组好的饲料配方，不仅为提高家兔的生产性能和预防由于饲料营养失调所造成的某些疾病创造了条件，同时，也为降低饲料成本、提高养兔效益打下了基础。设计饲料配方，应遵循一定的原则，掌握一定的方法。

(三) 饲料原料的大致比例

(1) 粗饲料（如干草、树叶、糟粕、作物茎叶等）30%～40%。

(2) 能量饲料（如玉米、稻谷等）25%～35%。

(3) 糠麸类饲料（如米糠、麦麸等）10%～20%。

(4) 植物性蛋白质饲料（如豆饼、花生饼等）15%～20%。

(5) 动物性蛋白质饲料（如鱼粉、蚕蛹粉、肉粉等）0～5%。

(6) 钙、磷饲料（如骨粉、石粉、贝壳粉等）1%～3%。

(7) 食盐 0.3%～0.5%。

（8）添加剂按照说明添加。

（9）家兔预混料4%。

（四）肉兔典型配方举例

1. 妊娠母兔饲料配方（%）

（1）麦麸30，草粉27，大麦15，玉米7.5，豆饼11，菜子饼7，石粉1.5，食盐0.5，维生素和微量元素添加剂按有效量0.5另加。

（2）豆饼16，玉米25.5，麦麸33，草粉11，大豆秸粉11，石粉1.2，食盐0.3，复合添加剂（含维生素、微量元素及氨基酸等）2。

（3）玉米35，麦麸5，米糠5，胡麻饼6，棉仁饼5，向日葵饼6，豆饼6，骨粉1，草粉30，食盐0.5，维生素和微量元素添加剂按有效量0.5另加。

（4）草粉45，玉米30.5，麦麸14，胡麻饼6，骨粉1，鱼粉3，食盐0.5，添加剂另加。

（5）玉米28，麦麸14，花生饼7，豆饼6，花生皮11.5，啤酒糟20，玉米皮6，棉仁饼5，骨粉0.5，贝粉1.5，食盐0.5，添加剂另加。

（6）玉米35，麦麸10.5，花生饼2，菜子饼2，棉仁饼3，豌豆粉丝蛋白（含粗蛋白69%～71%）6，香油渣5，草粉35，磷酸氢钙0.5，食盐0.5，添加剂0.5。

（7）玉米26.8，麦麸7，豌豆粉丝蛋白5，香油渣5，草粉20，麦芽根15，大麦皮20，磷酸氢钙0.2，食盐0.5，添加剂0.5。

2. 泌乳母兔饲料配方（%）

（1）红薯秧8，花生秧10，酒糟8，洋槐叶10，玉米32，麦麸5.5，豆饼8，花生饼10，棉仁饼6，骨粉1，食盐0.5，添加剂1。

（2）玉米35，麦麸9，槐叶粉20，花生秧10，香油渣8，豆饼5，花生饼2，棉仁饼4，小米糠5，骨粉0.5，食盐0.5，添加剂1。

（3）玉米21，麦麸18，花生饼8，豆饼6，花生皮10，啤酒糟20，玉米皮8，棉仁饼6，骨粉1，贝壳粉0.5，食盐0.5，添加剂 1。

（4）玉米 17，小麦 10，麦麸 20，黄豆 12.8，米糠 18，菜子饼 6，蚕蛹 3，草粉 10，贝壳粉 2.2，食盐 0.5，添加剂 0.5。

（5）麦麸 24，玉米 10，豆饼 8，菜子饼 3，槐叶 15，花生藤粉 35，石粉 1.5，酵母粉 1，食盐 0.5，骨粉 1，蛋氨酸 0.2，添加剂 0.8。

（6）玉米 24.8，麦麸 7，豌豆粉丝蛋白 7，香油渣 5，草粉 25，麦芽根 14，大麦皮 15，磷酸氢钙 0.2，另加食盐 0.5，兔乐 0.5。

3. 生长育肥兔饲料配方（%）

（1）麦麸 30，玉米 6，豆饼 15，麦芽根 32，草粉 15，石粉 1.5，食盐 0.5，另加蛋氨酸 0.2，添加剂 0.5，抗球虫药适量。

（2）苜蓿 22，豆饼 11.5，玉米 22.5，麦麸 32.5，大豆秸粉 8，石粉 1.2，食盐 0.3，添加剂 2。

（3）麦麸 30，草粉 24，大麦 15，玉米 8.5，豆饼 10，菜子饼 8，鱼粉 2，石粉 1.5，食盐 1，另加添加剂 1。

（4）玉米 25，麦麸 23，豆饼 15，花生皮 10，酒糟 10，棉仁饼 5，花生饼 8，骨粉 2.5，食盐 0.5，添加剂 1。

（5）玉米 30，麦麸 5，槐叶 25，花生秧 15，香油渣 8，豆饼 4，花生饼 5，棉仁饼 5，骨粉 1.5，食盐 0.5，添加剂 1。

（6）玉米 30，麦麸 10，花生饼 5，菜子饼 4，棉饼 4，豌豆粉丝蛋白 7，香油渣 6，草粉 33，磷酸氢钙 0.4，食盐 0.5，蛋氨酸 0.1。

（7）玉米 30，麦麸 3，花生饼 2，豌豆粉丝蛋白 8，香油渣 6，草粉 30，麦芽根 10，大麦皮 10，食盐 0.5，兔乐 0.5。

（五）家兔饲料的加工

颗粒饲料是集约化养兔生产的重要技术措施，养兔实践证明对饲料进行适当的加工处理，制成颗粒饲料，可使淀粉熟化，增加饲料的硬度，显著改善饲料的适口性，增强消化液的分泌和消化道的蠕动，从而提高营养物质的消化率，提高生产性能。

兔饲料的加工工序，主要包括粉碎、计量、混合、调制、制粒、包装等。其中，有先混合后粉碎再制粒，也有先粉碎后混合再制粒，实践中，依据原料的性状而定。

颗粒饲料要求经粉碎的原料粒度不大于 2 毫米，草粉不大于 3 毫米，制粒直径为 3～5 毫米原料的水分应低于 14%，大于 14%的通常现用现配。

『专家提示』

（1）中小型养兔场、家庭养兔在配制饲料时，最好使用市场上销售的各类家兔的预混料，可在一定程度上降低配合饲料的成本，同时也给配制饲料带来极大的方便。

（2）目前，市场上销售的颗粒饲料加工机械，都是饲料干进干出，不需要加水。功率在 2.2～3.5 千瓦，大多使用两相电，每小时产饲料在 200 千克以下，适合小型养兔；功率在 7.5 千瓦以下的，大多是平模构造，其生产颗粒饲料的硬度不及环模构造；环模颗粒饲料机一般是大功率机械，适合大中型养兔场。

第四讲

家兔的饲养管理技术

● **本讲的知识要点:**

- √ 家兔饲养的一般原则
- √ 家兔管理的一般原则
- √ 仔兔的饲养管理
- √ 幼兔的饲养管理

一、家兔饲养的一般原则

(一) 以青粗饲料为主,精料为辅

家兔是草食动物,故应以喂草为主。家兔每天采食的青料量可占体重的 $10\%\sim30\%$。对于高产兔必须补充精料,为 $50\sim150$ 克/(日·只),占日粮的 30% 左右,哺乳期母兔可占到 50%。单一饲草满足不了家兔对营养的需求,对于高产兔尤其如此。比如獭兔与肉兔在营养方面就有不同,肉兔对低水平日粮的耐受性较强,特别是本地品种及大型肉兔品种都较耐粗饲,提供过高的营养往往不理想,獭兔对低水平的日粮会造成被毛品质严重下降,生长和繁殖受阻。所以要想养好兔必须科学地补充精料,同时补充维生素和矿物质等营养物质。

(二) 合理搭配,饲料多样化

由于各种饲料中所含的营养成分的量各不相同,任何一种饲料

原料都不能满足家兔的营养需求，我们应该根据不同饲料所含养分不同进行合理搭配，取长补短，使日粮中的养分趋于平衡全面。例如，禾本科籽实类饲料所含的蛋白质不高，赖氨酸、色氨酸更低，而豆科籽实中所含的蛋白质高，赖氨酸、色氨酸也较多。所以，在配制家兔日粮时常以禾本科籽实及其加工副产品为主体，适当加入饼粕类饲料，从而提高整个日粮中蛋白质的利用率。同时生产中要做到精粗搭配，青干搭配，品种多样，营养互补。正应养兔谚语"兔要好，百样草"，"花草花料，活蹦乱跳，单一饲料，少吃少膘"。

（三）家兔的饲喂技术

1. 饲喂方法

（1）分次饲喂　这种方法的关键是定时定量，否则会导致消化机能紊乱。

（2）自由采食　通常采用颗粒料和自动饮水设备，省工，饲喂效果也好。

（3）混合饲喂　将家兔饲粮分为两部分，青、粗料采用自由采食的方法，精料采用分次饲喂的方法。

2. 饲喂次数

在分次饲喂时，多数养兔场每天饲喂 5 次。即在上午 7～8 点、下午 14 点和晚间 20～21 点喂给三次青料，晚间一次应占总量的40％；上午 9～10 点和下午 16～17 点喂两次精料。

『专家提示』

（1）少餐多次，是饲养仔兔和幼兔一个很好的方法，可使其经常保持旺盛的食欲，能有效地降低消化道疾病的发生。

（2）少餐多次，可减少饲料的浪费，提高饲料的利用率；同时也是饲料过渡，兔群抗应激时较好的饲喂方法。

（3）养兔切忌无草用料替；或单纯追求高营养，随意加大精料的比例。

3. 饲料形态

精料的加工形态分为粉料、湿拌料和颗粒料三种。

（1）粉料　适口性较差，容易撒出，浪费较多，而且由于兔鼻嘴的距离很近，易将细小的粉料吸入，造成呼吸道疾病，所以较少采用。

（2）湿拌料　适口性提高，家兔乐于采食，但要注意喂量，必须现喂现拌，保持新鲜，让兔采食干净。

（3）颗粒料　是目前认为最好的料型，加工后颗粒直径为3～5毫米、长度为6～10毫米即可。用颗粒料喂兔合乎家兔的采食习性，兔喜欢啃咬硬物，喂颗粒料既能磨牙，又能充分咀嚼，使饲料得到充分消化，饲料报酬和日增重提高；能充分利用青粗料，青粗料鲜喂时总有不少残留，浪费比较严重，制成全价颗粒料，兔就无法挑剔，从而充分利用了青粗料；有利于饲料的保鲜；颗粒料含水少利于保存，也不易变质；饲喂方便，省工卫生。

4. 调换饲料时要逐渐增减

在改换饲料时，一定要渐增渐减，不可突然改变饲料，否则会引起采食量下降，甚至拒食或引起消化道疾病。

5. 供足饮水

家兔的日需水量较大，即使喂青草和新鲜蔬菜，仍需喂一定量的水，喂颗粒料时，中、小型兔每天每只需水量300～400毫升，大型兔达400～500毫升。高温环境下需水量更大。

（四）切实注意饲料品质，做好饲料调制

（1）饲料品质较差的是带露水的草；腐烂变质的料、草；带泥土的草、料；带虫卵和被粪便污染的料、草；有异味的料；有毒的草；带农药的料、草等。这些都属于劣质饲料，切不可饲喂。

（2）合理调制主要是做到洗净、切碎、煮熟、晾干等，根据各种饲料特点进行不同的处理。如带漏水的草需要晾干饲喂，胡萝卜需要洗净、切碎饲喂，马铃薯需要煮熟饲喂。

二、家兔管理的一般原则

（一）搞好卫生，保持干燥

家兔的个体较小，抗病力较差，对劣质环境的耐受力和适应性较差，要求提供稳定的饲养环境条件，因此要做到兔笼兔舍定期清毒，应坚持每天打扫，及时清除粪便，地面要保持干燥，笼具要勤刷洗，保证通风流畅。

（二）保持安静，防止惊扰

家兔胆小怕惊，养好家兔必须提供安静的环境，突然的声响、有陌生人或动物出现，会引起惊慌不安，对增重不利，对配种、分娩、哺乳影响更大。在日常操作时动作要轻，尽量保持兔舍内外的安静。

（三）分笼分群饲养管理

不同的品种、不同的生产方向、不同的性别、不同的生理阶段和不同的年龄对环境的要求不同，管理的要点不同，因此，应实行分群管理，对种公母兔必须实行单笼饲养；幼兔可根据日龄、体重大小分群饲养；中兔应公母分笼分群饲养；肉用兔、皮用兔在肥育期限可群养；产毛兔必须单笼饲养。

（四）夏季防暑，冬季防寒

夏季防暑可从以下几方面着手。

（1）兔舍隔热　对屋顶或笼顶采取隔热措施。

（2）兔舍通风　进入新鲜空气，排出有害气体，利于兔体散热。

（3）兔舍遮阳　搭凉棚，种攀缘植物、挂窗帘。

（4）兔舍降温　喷雾、洒水、门口挂水帘、安装换气扇。

（5）降低饲养密度，供给充足饮水。

（6）根据生产情况，适当控制配种。

（7）毛用兔适时剪毛。

冬季主要是防止冷风直接吹到兔体，做到通风和防寒相结合。

（五）雨季防潮

（1）严格控制地面用水，饮水盆要固定好，损坏的自动饮水器及时修好，以免人为增加湿度。

（2）坚持勤打扫，及时把兔粪尿清除至兔舍外。

（3）平时保持良好通风，下雨时则要关好门窗。

（4）撒吸湿性物质，湿度太大时，可在舍内地面撒草木灰，生石灰等。

（5）梅雨季节，还应注意抓好兔的吃食。少喂含水量高的青饲料，增喂一些干粗饲料，可在饲料中拌入一些大蒜、葱、木炭粉或抗生素、磺胺类药物，也可拌喂 0.01%～0.02%碘溶液，预防球虫病感染，以减少和避免消化道疾病的发生。

（六）仔细观察兔群

（1）观察采食情况　健康家兔食欲旺盛，吃得多而快。正常饲喂量一般 20～30 分钟吃完。食欲不振或废绝是许多疾病最早的共同症状。

（2）观察粪便质和量的变化　正常的兔粪呈圆粒，光滑匀整。如粪便干硬细小，呈一头尖或两头尖，粪量少，为便秘表现；粪便呈条形或呈堆或稀薄，是肠炎的表现；粪球不光滑、色暗，是感染球虫病的初期；兔排出的软粪未吃掉，是家兔食欲废绝的表现。

（3）观察家兔的精神状态　可用"吹毛检查法"，健康兔会立即起立逃走，无反应或动作迟钝者为病兔。

（4）观察外表状况　鼻孔、眼角、口角、耳道是否干洁，被毛是否丰满有光泽，门齿是否整齐，足底有无脚皮炎的发生。鼻孔不干洁表现有浆液性、黏液性和脓性鼻液，多见巴氏杆菌感染；眼角不干洁多见于结膜炎；口角不干洁多见于口腔炎；耳道不干洁多见于中耳炎及螨虫感染。

（5）听兔舍有无异常的声音　咳嗽、喷嚏则为呼吸道疾病，呼吸音粗糙是肺炎的表现，脚不停地踏地板是脚皮炎的症状。

（七）加强运动，增强体质

适当的运动可促进家兔的新陈代谢，增强体质，增进食欲，提高抗病能力，尤其对种公兔很必要。

（八）坚持兔病"防重于治，以防为主"的原则

应将兔病防治纳入兔场的管理计划。

『专家提示』

要树立现代养兔理念，兔病预防是兔场管理的重要环节，并做到"四防五及时"，即"夏季重点防球虫，早春晚秋重点防巴氏杆菌，冬季重点防仔兔冻伤，常年重点防兔瘟和疥癣"；"发现疫情及时报告，及时隔离，及时诊断，及时治疗，及时处理"。同时建立定期消毒制度。

三、家兔的日常管理技术

（一）捉兔方法

捕捉家兔是日常管理中常用的手段，如兔病的检查治疗、防疫注射、发情鉴定、配种、摸胎、兔群的周转、兔体的测量、毛兔的剪毛、种兔的编号等。正确的捉兔方法是在兔安静状态下先用手顺毛抚摸兔体，待兔不感到惊恐时，以一手抓住双耳和颈皮轻轻提起，另一手立即托起兔的臀部并使兔的重量主要落在托臀的手上，为避免兔抓伤人，可把兔的四肢朝外或朝向侧面。对怀孕母兔为避免流产，可一手抓两耳及颈皮后，另一手从兔的腹下穿过将兔托起。切忌不要抓兔的耳朵，更不宜抓兔的前后肢。

（二）家兔的年龄鉴别

经营管理规范的种兔场都有完整的出生记录和种兔档案，但是对没有记载的需要进行大致的年龄鉴定，家兔的门齿和爪是鉴别其

年龄的主要依据。

（1）青年兔的门齿洁白短小，排列整齐；老年兔的门齿暗黄，长而厚，排列不整齐，有时有破损。

（2）从兔趾爪的颜色、长度来判断，白色兔在仔幼兔阶段，爪呈肉红色，尖端略发白，1岁时爪肉红色和白色的长度基本相等；1岁以上白色的长于红色的。

（3）有色家兔从趾爪颜色上不易区别，可根据爪的长度和弯曲情况来鉴别，青年兔的爪较短且平直，隐藏在毛中，随年龄的增长，爪逐渐露出于脚毛外，并且年龄越大，爪越长且越来越弯曲。

（三）家兔的性别鉴定

（1）仔兔出生后需作性别鉴定时，一般通过观察其阴部生殖孔形状以及与肛门之间的距离来加以鉴别。断奶后的仔兔，主要检查其生殖器的外形，公兔为圆柱形突起，呈"O"形开口；母兔则呈"V"状尖叶形，下端裂缝延到肛门，无明显突起。

（2）3月龄以上的兔鉴别时比较容易，方法是，右手抓住兔耳和颈皮，左手中指和食指夹住兔尾，手掌托起兔臀部，用拇指推开生殖孔，其口部突出呈圆柱状是公兔，若呈尖叶形是母兔。

（四）公兔去势

凡不留种的公兔，一般在其性成熟时进行去势。去势的公兔性情温驯，便于管理，同时可提高生产性能。

1. 阉割法

可先将去势的公兔进行催眠，然后将家兔仰卧保定，同时顺着毛纤维的方向抚摸胸部、腹部、头侧面部，太阳穴部，使兔进入睡眠状态，此时消毒阴囊，然后沿阴囊纵向切约1厘米长的小口，随即挤出并摘除睾丸，伤口涂碘酒，一般3～4天，伤口可愈合。

2. 结扎法

实行催眠术，将睾丸捏住，然后用线或橡皮筋将睾丸连阴囊扎紧，阻断供血，几天后睾丸即坏死，枯萎脱落。

3. 化学法

化学法是以可使睾丸组织蛋白变性的化学药物注入睾丸，使睾丸组织停止发育，不能产生雄性激素，从而达到去势的目的。常用的有以下三种。

（1）7%～8%的 $KMnO_4$ 溶液，1.5 毫升/只，用注射器刺入睾丸中部注入。

（2）10 克 $CaCl_2$＋100 毫升水＋1 毫升甲醛，1～2 毫升/只。用注射器刺入睾丸中部注入。

（3）3%碘酒 1～2 毫升/只。用注射器刺入睾丸中部注入。

（4）人用药"消痔灵"针剂 2 毫升/只，用注射器刺入睾丸中部注入。

三种去势方法比较，药物去势操作简单，没有感染的危险，但有个别去势不彻底的缺点；结扎法有睾丸肿胀和疼痛时间长的问题；阉割法有伤口感染的可能。

（五）编刺耳号

对于种兔场和家兔育种场，兔的耳号即是它们的名字，也包含了它们的许多身份信息，如品种、品系、父母等。通常编刺耳号在仔兔断奶时或断奶前进行。

（1）单耳编号法　在一侧耳朵编号，以单号表示公兔，双号表示母兔。

（2）双耳编号法　一般是右耳编出生年月号码，左耳编日期和兔序号，公兔用单序号，母兔用双序号。

（3）刺号方法　先酒精消毒，避开较大血管，用耳号钳钳上号码，然后涂上醋墨（墨汁与食醋比例为 1∶1），揉捏几下，使墨汁掺入字眼即可。

『知识链接』
喷码耳标牌。目前许多养兔场使用喷码耳标牌，喷码耳标牌需专门订制，操作简单，但是存在断奶兔挂牌耳朵耷拉、耳标牌的字码时间久而不清晰的缺点。

（六）家兔的体尺测量、称重

（1）体长　从鼻端到尾根的直线距离。

（2）胸围　从两肘关节后缘，通过肩胛骨处的胸部周长。

（3）体重　初生重、21 日龄窝重、断奶重、2 月龄重、70 日龄重、90 日龄重、种兔初配体重、种兔体重等指标。

四、家兔的饲养方式

家兔的饲养方式多种多样，尤其是农村家庭养兔，因饲养的品种、饲养目的，以及自然和社会经济条件的不同，差异很大，但是，无论采取何种饲养方式，都应符合家兔的生活习性，以便于日常管理。

（一）笼养

即笼内养兔，是一种最好的饲养方式，国内外的养兔场都采用这种方式，特别是种兔、毛用兔和皮用兔。

1. 笼养的优点

（1）由于笼子可以立体架放，能大大节省土地及建筑面积，提高饲养密度，便于饲养管理。

（2）兔不接触地面，兔舍内空气中的灰尘减少，也不与粪尿直接接触，可较好地防止疫病传染。

（3）能有效控制繁殖，利于兔种的繁殖改良，防止早配乱配等。

（4）有利于提高兔的生产性能和产品质量。

2. 缺点

投资较大，兔的运动量不足，饲养员工作量大。

（二）放养

放养也称群养或散养，即将兔成群地散放在一定范围内饲养，任其自由活动，自由采食，自由交配繁殖。适用于饲养肉用兔，以及抵抗力强和繁殖率高的品种。放养场地每兔占有面积应不少于 1 米^2。这是最为粗放的饲养方式。

（1）放养的优点　节省人力、才力，有充足的阳光和运动等。

（2）放养的缺点　交配无法控制，易造成品种退化，传染病较难预防、控制，抓兔较困难等。

（三）栅养

栅养即小群饲养，在室外空旷地、室内筑起圈栅，也有部分在室内，部分在室外，将兔群圈在栅内饲养。为保持清洁卫生，应每天打扫，为控制交配，防止乱交，最好将公母兔分圈饲养，或公兔笼养，母兔栅养。这种饲养方式主要适用于商品兔的育成。这种饲养方式在农村家庭养兔较为普遍。

（四）洞养

洞养就是将家兔放在地下窖内进行饲养，任其自由打洞，洞内温度相对温定，但湿度相对较大，因此，要选择地势高燥、土方结实的地方。此法适用于北方寒冷干燥地区。

五、不同生理状态下兔的饲养管理技术

（一）种公兔的饲养管理

1. 种公兔的饲养

饲养种公兔的目的是用于配种，以获得较多的优质后代，因此，种公兔质量的好坏，直接影响整个兔群的质量，也直接影响养殖效益。养好种公兔的标准，一是体格健壮，不过肥过瘦；二是性欲旺盛，品种能力强；三是精液品质好，配种率高。

（1）注意营养的全面性

① 蛋白质。精液含有所有的必需氨基酸，必须由饲料中获取。对精液品质不佳、配种能力不强的种公兔，喂以鱼粉、豆饼、豆科牧草等优质蛋白质饲料，可以改善精液品质，提高配种能力。

② 维生素。对繁殖影响较大的有维生素 A、维生素 D、维生素 E，饲喂足量的青绿料时，不会缺乏，但在冬季或长年喂颗粒料时，容易出现缺乏，要注意补充。

③ 矿物质。钙、磷、锌等的作用较大，容易缺乏，也要注意补充。

（2）注意营养的长期性　饲料对精液品质的影响较缓慢，用优质饲料来改善种公兔的精液品质时，需要 20 天左右才能见效。因此，在使用前一个月就要对种公兔的精液品质进行检查，以便能及时调整饲粮的营养水平。

实际上对于种公兔，自幼即应注意饲料的品质，宜喂体积小、蛋白质水平高、能量水平适宜的饲料。

（3）限制饲养　过于肥胖的公兔不仅配种能力差，而且精液品质差，为防止种公兔过肥，应实行限制饲养。在混合饲喂时，补喂的精料量不超过 50 克/（天·只）；如喂全价颗粒料时，不超过 150 克/（天·只）；如采用限时法，则每天的给料时间为 1 小时。

2. 种公兔的管理

（1）严格选育　种公兔自断奶就进行选育，3 月龄开始要实行单笼饲养，严防早配。

（2）适时配种　青年公兔应适时初配，过早或过晚都会影响其配种能力，一般大型兔的初配年龄为 8～10 月龄，中型兔 5～7 月龄，小型兔 4～5 月龄。

（3）加强运动　终日饱食而不运动的公兔，没有种用价值，但笼养方式普遍存在种公兔运动不足，要求每天放出运动 1～2 小时，实际很难做到，因此，加大种公兔的笼位面积，设立跳台，可以有效地促进种公兔的运动。

（4）种公兔笼舍应保持清洁干燥，经常洗刷消毒，因种公兔笼舍是配种场所，其干净卫生可以有效防止外生殖器感染。

（5）种公兔必须单笼饲养，后备公兔应与母兔笼距离较远，否则会因异性的刺激而影响其生长发育。种公兔也应与母兔笼间隔开来，否则会在一定的程度上影响其休息和采食。

（6）合理使用种公兔　对种公兔的使用要有一定的计划性，严禁过度使用。青壮年公兔一般每天使用一次，一周休息 2 天。种公兔交配过于频繁，或交配次数太少都会影响其生产性能。种公兔的使用一般不超过 2.5 年。

（7）做好配种记录　每次配种都要详细记录，以便分析和测定公兔的配种能力和种用价值，同时也做到了血统清晰，防止近亲交配。

（8）种公兔在换毛期间不宜配种，毛用种公兔的采毛间隔时间应缩短，每隔一周剪毛一次。

（二）种母兔的饲养管理

种母兔是整个兔群的基础，饲养管理条件的好坏直接影响兔场的成败。种母兔在空怀期、妊娠期和哺乳期三个阶段其饲养管理方面有很大的差异。因此，生产中必须根据各个不同的生理状态采取相应的饲养技术措施。

1. 空怀母兔的饲养管理

空怀指从仔兔断奶到重新配种妊娠的一段时期，在采用频密繁殖或半频密繁殖时，母兔没有空怀期或空怀期较短。

（1）由于哺乳期母兔机体养分消耗很大，所以此期应以恢复膘情、调整体况为主，空怀兔的体况可分为良好体况、一般体况、较差体况。对一般体况要加强营养，对较差体况要重点补饲，总之，要尽快使空怀兔恢复到良好体况，既不能太瘦，也要防止过肥。

（2）饲料以青粗料为主，中型兔体况差的，精料量控制在100克，喂全价料时，任其自由采食。一般膘情的精料量控制在75克，喂全价料时喂量在150克左右。良好体况的精料量控制在50克以下，喂全价料时喂量在120克左右。

（3）为促进发情和提高排卵数及受胎率，在配种期采取"短期优饲法"，增加30%的精料或直接喂妊娠母兔料。

（4）集约化家兔养殖，要尽量缩短空怀期，往往是断奶后2～5天配种，其营养供给是断奶2天内低水平，目的是使母兔尽快停止泌乳，2天后迅速恢复到妊娠母兔料，安排时间尽早配种。但对体弱膘情差的兔，应适当延长空怀期。

（5）管理方面主要注意适当运动、增加光照，及时检查母兔的发情情况，适时配种等。

2. 妊娠母兔的饲养管理

妊娠母兔是母兔从受孕到分娩这一段时间的称谓。期间饲养管理条件的好坏将直接影响到胎儿的生长发育、产仔数、仔兔出生重和分娩后的泌乳能力。这一时期饲养管理的重点如下。

（1）加强营养 母兔妊娠后，除本身维持需要外，子宫的增长、胎儿的生长和乳腺的发育等均需消耗大量养分，特别是青年母兔，自身仍处于生长阶段，除供给胎儿正常发育的营养需要外还要满足自身生长的需要,所以饲料中营养物质的供给要随着胎儿的生长而递增。

怀孕前期胎儿的绝对增重少,并不需要太多的营养,略高于空怀期即可,营养高反而会带来不良影响,中型兔一般日喂青料 500～750 克,精料 50～100 克。妊娠后期对营养物质的需要量约为妊娠前期的 1.5 倍,必须加强妊娠母兔的营养供给。通常怀孕 15 天后开始逐渐增加精料量,每天不超过 100～120 克,如喂全价料则不超过 150～180 克。至产前 3 天再减少精料,多喂优质青(粗)饲料。

(2)搞好护理,防止流产 家兔比较容易出现流产,多在妊娠后 15～20 天发生。

① 防止机械性流产:如摸胎、捕捉、拉剪毛等。

② 防止精神性流产:如惊扰。

③ 防止疾病性流产:如生殖道感染、副伤寒等。

④ 防止中毒性流产:如有毒的草料、青贮料等。

⑤ 防止营养性流产:如缺乏必需氨基酸、维生素。

⑥ 防止习惯性流产:如冷刺激、腹泻等。

⑦ 防止药物性流产:如怀孕期注射疫苗,抗生素、抗虫药。

⑧ 对已流产的母兔应加强护理,找到原因,投喂抗菌药物,防止感染。

(3)做好接产工作

① 在预产期前 3 天,将产仔箱放入母兔笼内,让母兔熟悉产仔环境并拉毛做巢。产仔箱要事先清洗消毒(2%～3%来苏尔、0.1%百毒杀),消除异味,并铺上柔软的垫草。

② 临产时,注意保证充足供水,如补加些食盐、红糖或喂豆浆、麸皮粥等。产仔过程中,保持兔舍安静,光线不能太强,如遇白天产仔,可给兔笼遮帘。

③ 为了防止产后乳房炎的发生,在产前 1 天、产后 2 天要给母兔投喂抗菌药物,如抗菌优。

3. 哺乳母兔的饲养管理

(1)母兔乳汁的营养及泌乳规律 哺乳母兔每天分泌 60～150 毫升乳汁,高者达 200 毫升甚至 300 毫升,兔乳的营养极为丰富,所含能量是标准牛奶的 2 倍多，含蛋白质 10.4％，脂肪 12.2％，乳糖 1.8％，乳能量为 7700 千焦／千克。兔乳的成分与其他家畜比较见表 4-1。

表 4-1　兔、牛、羊乳的组成比较　　　　　单位：％

种　　类	蛋白质	脂肪	乳糖	矿物质
兔奶	10.4	12.2	1.8	2.0
荷兰牛奶	3.1	3.5	4.9	0.7
山羊奶	3.1	3.5	4.6	0.8

母兔泌乳规律是产后泌乳量逐渐上升，第一周泌乳量较低，第二周迅速上升，第三周达到高峰，第四周后迅速下降。

（2）哺乳母兔的饲养　哺乳母兔每天需要消耗大量的营养物质，用于维持生命活动和哺育仔兔，必须喂给营养全面、适口性好、易于消化吸收的饲料。在充分喂给精料的同时，还需要喂给优质的青饲料，这比单喂全价料效果要好。

母兔产后 3 天内，体质尚未恢复正常，消化机能尚未正常，喂量不宜过多，以青粗饲料为主，精料 50～75 克即可；随着食欲的恢复，母兔的采食量迅速增加，每天的泌乳量也在增加，这时不能限料，而应该尽量让母兔多吃，以满足泌乳需要。仔兔的生长速度和成活率主要取决于母兔的泌乳量。

饲养哺乳母兔的效果，可根据仔兔的吃奶和排便情况进行辨别。

① 产仔箱内保持干燥，很少有兔粪尿，而且仔兔吃得饱、懒得动、睡得好，说明饲养较好，哺乳正常。

② 仔兔饥饿、吱吱叫，肚皮扁，则说明母兔乳量不足或不哺乳。

③ 如产仔箱内尿液过多，可能是母兔吃多汁料太多引起的；仔兔粪便干燥，可能是母兔饮水不足。

④ 仔兔拉黄尿，则是母兔患了乳房炎。

（3）催乳、通乳　产后 3 天对泌乳量不足的兔要实行催乳和通乳治疗。

第一种情况，乳腺发育不良，手摸感觉干瘪柔软，缺少弹性，通常应采取催乳法。其方法如下。

① 夏秋季多喂蒲公英、苦荬菜，冬春季喂胡萝卜等多汁料，满足饮水。

② 豆浆 200 克煮沸、晾温，加 50 克捣烂的绿豆芽和 5 克红糖，每日 1 次。

③ 芝麻少量，花生米 10 粒，食母生 3～5 片。

④ 王不留行、木通，蚯蚓一条焙干，拌料喂。

第二种情况，乳腺发育良好，手摸感觉丰满，乳房发硬或有弹性应采取通乳法。其方法如下。

① 用热毛巾按摩乳房，10～15 分钟/次。

② 将蚯蚓用开水烫成白色，切碎后拌红糖喂。

③ 暂时少喂精料，多喂青绿多汁料，多饮水。

（4）哺乳母兔的管理

① 产后要及时清理巢箱，清除残剩的胎盘、死胎和被污染的垫草。对产前没有拉毛作巢的母兔，产后要人工辅助拉毛，将乳头周围的毛拉下做垫窝用，拉毛可刺激母兔泌乳，使乳头裸露，便于仔兔吮乳。

② 在清理产箱的同时要及时清点产仔数，并检查哺乳情况，同时做好生产记录。对产仔数在 8 只以上的，将多余的最好寄养给同期生产的其他母兔，对仔兔没有吃到初乳的，要采取前强制哺乳措施（一般经过 3～5 天的调教，母兔就可以自己给仔兔喂奶了），当母兔哺乳时，要保持环境的安静，不要惊扰，以防影响正常的泌乳和产生吊乳。

③ 要经常保持巢箱和饲喂用具的清洁卫生。

④ 要经常检查母兔的泌乳情况，发现乳房和乳头有硬块或红肿要及时治疗。发现泌乳兔消瘦，乳房干瘪，说明母兔营养不良，要适当增加富含蛋白质的饲料。对体质虚弱的，可以补喂豆浆、小米粥、麸皮熬红糖水。

⑤ 要经常检查仔兔的发育情况。仔兔发育不良，通常见于母兔泌乳差，要给母兔增加营养。要经常检查仔兔的粪尿情况，如果巢箱内垫草潮湿，说明仔兔多尿，母兔乳汁稀薄，要增加母兔的营

养，如果仔兔粪便干硬，说明母兔缺水。

（三）仔兔的饲养管理

从出生到断奶这段时期的小兔称仔兔。这个时期是兔从胎生期转为独立生活的过渡时期，此时仔兔的生理功能尚未发育完全，适应外界环境的调节能力很差，但生长发育极为迅速。根据其发育特点，可将仔兔分为三个不同时期，即睡眠期、开眼期、追乳期。此时的饲养管理重点是提高仔兔的成活率及断乳体重。

1. 睡眠期仔兔的饲养管理

仔兔从出生至开眼的时期称睡眠期，时间约为 0~12 日龄。睡眠期仔兔体无毛，闭眼，体温调节能力差，容易受冻，除了吃奶外，几乎都在睡觉，其饲养管理要点如下。

（1）早吃奶、吃足奶　兔乳是仔兔这一时期所需营养物质的唯一来源。母兔的初乳含丰富的蛋白质、多种维生素及镁盐，其营养价值很高，镁盐具有促进胎便排泄的功能，所以应保证仔兔早吃奶、吃足奶，确保体质健壮。仔兔的代谢作用很旺盛，吃下的乳汁大部分被消化吸收，很少有粪便排出。此期的仔兔只要能吃饱、睡好，就能正常生长发育。

通常在仔兔出生后 6 小时内要检查哺乳情况，针对仔兔吃不饱奶（在窝内乱爬，肤色灰暗，腹部不胀，如用手触摸，仔兔头向上窜，并发出"吱吱"叫声）的情况，具体分析，采取有效措施。

① 强制哺乳。一些母性不强的母兔，不会照顾仔兔，甚至拒绝哺乳，这时要进行强制哺乳。方法是抓住母兔固定在产仔箱内，将仔兔放在乳头旁，让其吮乳，每日 4~5 次，连续几天，母兔便会自动哺乳。

② 调整仔兔。当母兔产仔数不均时，可将过多的仔兔调整给产仔少的母兔，最好在产后 3 天内进行，两窝仔兔的产期不超过 2 天。调整时间在仔兔哺乳后，先将巢箱从保姆兔笼中取出，把调入的仔兔放入箱内，待次日哺乳时再将巢箱放回保姆兔的笼内。

③ 防止吊乳。母兔在哺乳时由于乳量不足仔兔紧紧咬住乳头不放，或母兔受到惊吓突然跳出巢箱，将仔兔带出巢箱外的现象称为吊乳。如仔兔已受冻发凉，应将仔兔放入人怀里取暖，或是将仔

兔身躯浸入 40℃ 温水中露出头部。当仔兔皮肤红润、活动有力时即可放回。

『知识链接』

（1）产仔箱出口净高度 15～17 厘米可以减少吊乳的发生。

（2）母兔进出产仔箱，正常跳跃腹部离开原地的高度为 12～14 厘米，产仔箱内的垫草一般为 3 厘米，因此产仔箱的进出口低于 15 厘米，会出现仔兔吊乳现象，高于 20 厘米，会出现产仔箱进出口沿磨蹭兔乳房，可导致乳房炎的发生。

（2）保温防寒，夏天防暑　仔兔出生后体表无毛，无体温调节能力，体温随着外界环境温度的变化而变化，因此要注意仔兔的保温，产仔箱内温度在 30～32℃ 较为适宜。一般兔舍温度在 15℃ 以上，产仔箱边缘温度可达 23℃ 以上，兔巢穴内温度可达 30℃。当兔舍的温度低于 15℃ 时，就得给产箱保温。单个产仔箱盖棉垫，或将多个产箱摞起来统一盖棉垫，在兔舍温度 5℃ 以上时可以保障仔兔的安全。北方许多养兔场有专门的仔兔保暖设置（如暖炕、火墙、保温箱、保育伞），南方地区只要在箱内放置垫草，保持干燥，防止冷风吹袭，一般问题不大。

夏季气温较高，蚊蝇较多，仔兔还未长毛前，易被蚊蝇叮咬。所以应将产箱放置在比较安全的地方，用纱布遮盖，同时做好室内的通风、降温工作。

『专家提示』

产仔箱内的温度是否适宜，除用温度计测试外，生产中多凭经验观察。产仔箱内温度低，仔兔扎堆，并有"吱吱"的叫声；产仔箱温度高，仔兔分散到产仔箱的边缘，并向垫草外乱窜；温度适宜，仔兔安详睡眠。

（3）预防鼠害　睡眠期的仔兔最易遭受鼠害，往往全窝仔兔都被咬死或吃掉。防止办法：一是母仔分养，定时哺乳，平时把仔兔移到安全的地方；二是做好纱门窗，防止老鼠进入兔舍；三是进行灭鼠工作。

（4）防止黄尿病 黄尿病就是母兔患乳房炎时，仔兔吃了含有葡萄球菌的乳汁便会发生急性肠炎，尿液呈黄色，并排出腥臭、黄色的稀便。

防止方法：首先是保证母兔健康无病，经常检查乳房和仔兔的排泄情况，发现有乳房炎时，应给母兔及时治疗。

（5）防止球虫病 患球虫病的母兔，球虫排出的毒素经血液循环至乳汁中，导致仔兔拉稀、消瘦，死亡率很高。所以预防母兔球虫病是提高仔兔成活率的有效措施之一。

（6）保持产箱干燥与卫生 仔兔开眼前，粪尿都排在产仔箱内，容易造成箱内空气污浊，垫料潮湿，引起仔兔患病。所以必须经常更换干燥清洁的垫料，平时可在阳光下暴晒垫料，既可消毒，又可除去异味。

（7）长毛兔产仔 长毛兔拉毛做巢往往有因毛纤维长而缠结仔兔，发生仔兔伤亡的情况，所以一定要在产后的哺乳检查时，将巢箱内的兔毛剪短。

（8）最好采取母仔分养 睡眠期的仔兔除去每日一次哺乳外，其余时间都在休息，如母仔在一起，母兔会频繁地进出产仔箱，影响仔兔的休息，采取母仔分养，每日定时哺乳的管理方法，有利于仔兔的生长，冬季便于产仔箱的保温。

2. 开眼期仔兔的饲养管理

从仔兔开眼到 21 日龄这段时期称为开眼期。一般 9～12 日龄开眼，开眼后仔兔精神振奋，在巢箱内跳蹦，数天后跳出巢箱，称为出巢。由于仔兔的生长速度很快，3 周龄后母乳已不能满足营养需要，仔兔总是追随母兔吮乳，又称为追乳期。

开眼期的仔兔被毛已经长出，虽没有长到完整的程度，但已经具备了较强的体温调节能力，对开眼期仔兔主要做好以下几项工作。

（1）帮助仔兔开眼 开眼的迟早与仔兔的发育有关，延期开眼的仔兔往往体质较差，故应加强护理，对 12 日龄还未开眼，可用眼药水擦洗眼睑，帮助开眼。用2％～3％的硼酸溶液也可。

（2）母仔合笼　仔兔12～14日龄，产仔箱需放置在母兔笼内，15～16日龄的仔兔可以自由地出入产仔箱，跟随母兔一是具有安全感，二是开始模仿学习母兔吃料和饮水。这一时期要注意勤换垫草，保持巢箱的干净卫生。

3. 追乳期仔兔的饲养管理

（1）及时补料　21日龄到断奶这一时期称为追乳期，追乳期的仔兔生长发育很快，母乳已不能满足其营养需要，21日龄时只能满足80％，25日龄时只能满足50％，28日龄时只能满足30％，为了满足仔兔的生长发育需要，必须给仔兔及时补料。传统的补料时间是21日龄，提早补料是在16～18日龄。补料一定要注意多餐少量，颗粒要小。

补料的方法：让母仔同槽采食（需增设槽位）或单独给仔兔补充优质饲料（母仔笼）。饲料要易消化、营养好，在饲料中添加抗生素或洋葱、大蒜等消炎、杀菌、健胃药物，可增强体质，减少疾病发生。

仔兔开食后粪尿增多，为保持巢箱干净，更要勤换垫草。此时仔兔的饮水量增大，一定要保证供应充足的清洁饮水。

（2）如期断奶　我国家兔育种委员会规定仔兔断奶时间为6周龄。但实际养兔生产中为4～5周龄，断奶过晚会影响仔兔消化道中酶的形成，使仔兔生长缓慢；断奶过早，消化系统还没发育成熟，影响生长，死亡率上升。从体重看小型品种仔兔0.5千克以上，大型品种仔兔0.7千克以上即可断奶。现代养兔提倡28～30日龄断奶。

断奶的可用一次断奶法，也可用分次断奶法，即将强壮的仔兔先断奶，弱小的多哺乳几天再断奶。

为了减少断奶应激，可采取离母不离窝、断奶不离群、不换料、不撤离产箱的方法，即饲料、环境、管理程序三不变，以防对仔兔产生的应激反应过大。断奶1周后，仔兔首次免疫接种兔瘟疫苗，然后再转群。母兔回到原来的笼位，撤离产箱。

母兔在断奶后2～3天内停喂精料，少喂青料，多喂干草，适当减少饮水，以促使母兔停乳，防止乳房炎的发生。对断奶后泌乳量还较多的母兔，在停喂精料的同时，可在断奶后间隔一天哺喂一次仔兔，再间隔一天再哺喂一次仔兔。

断奶时间的早晚应根据饲养管理水平、本场的繁殖制度和仔兔的发育情况而定。对仔兔而言，断奶越晚，断奶的应激反应就越小，断奶后的成活率就越高；但对生产而言，会严重影响母兔的繁殖性能。

『专家提示』
　　(1) 哺乳期仔兔死亡多是因感染疾病而致。
　　(2) 哺乳期仔兔疾病多是由母体垂直传染的。
　　(3) 哺乳期仔兔多发病必须从母兔即感染源防治。如仔兔的黄尿病、球虫病。
　　(4) 现代养兔提倡在仔兔的补饲中添加预防球虫病的药物。
　　(5) 兔瘟对养兔业危害很大，现代养兔提倡30～35日龄要给仔兔做兔瘟疫苗的首次免疫。

(四) 幼年的饲养管理

从断奶到3月龄的小兔称幼兔，这一阶段是养兔生产中的一个重要环节，特别是1～2月龄间的幼兔。这是养兔生产中最难养的时期。

一是所需的营养来源发生变化，由原来的母乳和少量饲料供给变成完全依靠饲料来提供，而消化系统的发育尚不完善，肠道还未形成正常的微生物群系，对食物的消化能力弱，但此时兔体新陈代谢旺盛，生长发育快，贪吃，容易引发消化道疾病；二是这一阶段其免疫体系还不健全，抗病力弱，又有断奶、分群及各类疫苗的接种等各种应激。因此在生产中，这一阶段的饲养管理、疫病防治措施抓得好，幼兔的成活率可达到95%左右，商品兔的出栏率和出栏体重也能达到理想的指标。因此，在幼兔的饲养管理和疫病防治上具体要做好以下工作。

1. 适时断奶

一般仔兔的断奶时间为 28～35 天，长毛兔为 42 天，但是要根据仔兔发育情况而定。仔兔发育好，体质壮的先断奶；体质弱的可适当延长断奶期，不要贸然采取一次性断奶。为了减少断奶幼兔的应激反应，有条件的兔场可把断奶后的幼兔留在原来的笼中，这种方法的效果较好。

2. 分群管理

断奶的幼兔可以按性别、年龄、体质强弱进行分群喂养，不要混养。种兔场的断奶幼兔可以按品种、亲缘关系、性别、年龄、体质强弱进行分群喂养，最理想的还是笼养。在圈养时，一群的数量以 50～60 只为宜，不能过大。否则会造成饲养管理不便，兔群中的病兔不易被发现，环境不易掌控；幼兔个体间采食不均匀，容易形成两极发育。对留种的幼兔，这段时期还要做好个体鉴定的记录工作。

3. 合理饲喂

幼兔生长快，但采食量小，消化能力差，要解决这个矛盾，应喂体积小、容易消化吸收、营养丰富的全价日粮。日粮中的蛋白质一般要求达到 16% 左右。在饲料中可添加蛋氨酸、赖氨酸等。这时期较理想的饲料有豆饼、豆渣、鱼粉、大麦、燕麦、苜蓿、三叶草、槐树叶等。青饲料要求含水分较少、新鲜。有条件的可以喂给全价颗粒饲料。

4. 少喂多餐

幼兔贪吃，但吃多了又消化不了，常常引起腹泻和肚胀。因此，在饲喂时要求做到少喂多餐，即每次的喂量要少，次数要多（每天饲喂 6～8 次）。日粮量可掌握在精饲料量为 30～50 克、青饲料 250～500 克。颗粒饲料的日喂量可在 50～80 克。随着日龄的增加，饲喂量也逐渐增加，饲喂次数可适当减少。

5. 饲草饲料要新鲜、干净

发霉变质的饲草饲料不能喂，水分含量高的饲草要少喂或不喂，防止发生腹泻、中毒等疾病而引起死亡。露水草不能喂，带泥的青饲料要洗净晾干后再喂，总之要严防病从口入。

6. 加强运动，增强体质

有条件的幼兔多晒太阳、多活动有利于体质健康和促进生长发育，增强抗病能力。圈养的一般不存在运动不足情况，笼养的幼兔密度一定要小，每 $0.16\sim0.20$ 米^2（一个笼位的面积）的幼兔笼养 $3\sim4$ 只，最多不超过 5 只。

7. 做好兔舍兔笼的清洁卫生工作

饲养幼兔的圈舍、兔笼要定期进行消毒（15 天），每天要进行卫生清扫工作，保持兔舍和圈内的清洁卫生、干燥、通风，以减少疾病的发生。

8. 做好夏季防暑，晚秋、冬季、早春的防寒工作

幼兔对环境变化敏感，尤其是北方地区，寒流气候的突变，南方地区的酷暑梅雨季节，要及时采取兔舍的防寒保暖和防暑降温措施，对于圈养的幼兔更应做好这一工作，防止幼兔中暑、感冒、肺炎、腹泻等疾病的发生。

9. 做好疫病防治工作

幼兔阶段是多种传染病的易发期，防疫程序是否合理是决定成活率高低的关键，应将环境消毒、药物预防、疫苗接种和加强管理有机地结合起来，严格防疫制度。

目前，家兔接种的疫苗有兔瘟单联疫苗、兔瘟-巴氏杆菌二联苗、波氏-巴氏二联苗、魏氏梭菌单联苗、大肠杆菌单联苗，实践中有些疫苗的保护率不高，因此不能放松药物预防，特别是巴氏杆菌病和球虫病，一定要在这一阶段做好药物预防工作。

『知识链接』
肉兔的快速育肥

（1）大多优秀肉用兔品种、大多优秀皮肉用兔品种及肉兔配套系，其商品兔在 $70\sim105$ 日龄出栏，其快速生长期正在这一时间段，因此在参照以上幼兔饲养管理要求的同时，要以快速育肥要求的饲养管理方法进行。

（2）肉兔的快速育肥法要求

① 高条件：配套的笼具设施及较高标准的舍饲条件；全价颗粒饲料；成熟的饲养管理技术。

② 高营养：全价颗粒料蛋白质为 18%，消化能 10.5 兆

焦/千克，粗纤维 12%。自由采食、饮水。

③ 高密度：平均每只兔占笼位面积 0.06 米^2，减少活动量，提高饲料效率。

④ 弱光照：采取弱光照，以控制性成熟，促进发育。

⑤ 适宜温度：控制温度 15～20℃，相对湿度 60%～70%。

⑥ 快速育肥期：7～9 周，育肥期饲料报酬为（2.8～3.0）:1。

⑦ 专门的育肥兔舍：采取全进全出制，仔兔断奶后直接转入育肥兔群。

（五）青年兔的饲养管理

青年兔是指生后 3 月龄到配种这阶段的家兔，又叫育成兔或后备兔。青年兔生长发育很快，各系统器官的发育已趋于完善，兔性器官逐渐发育成熟，有性欲和发情表现，消化系统发育成熟，食量大，对粗纤维的消化率高，因此，青年兔是相对容易饲养的时期。对其饲养管理应做到以下几点。

（1）要公、母兔分群饲养 为防止种群退化，不断提高兔群质量，要选育优良的小公兔留作种用，将其余的公兔最好进行早期去势处理（獭兔），去势后的小公兔可群养育肥。

（2）青年兔阶段，采食量比较大，生长发育比较快 这一阶段主要是生长骨骼和肌肉，也是被毛发育成熟的关键时期（獭兔），对蛋白质、矿物质和维生素的需要量比较大。在日常饲养管理中，要特别注意供给足够的比较优质的青绿多汁饲料和精饲料。利用公兔到 5 月龄后，要适当控制精饲料，防止过肥，要保持种用体况。即前促后控。

（3）后备兔的选择 3 月龄后，必须将公、母兔分开饲养，开始选留后备种群，4 月龄时，要进行一次严格选择，选留出优良种兔，5～6 月龄要对选留的种兔进行全面鉴定，对符合种用标准的转入繁殖群。

六、不同季节兔的饲养管理技术

养兔生产的整个过程都与外界环境条件密切相关，我国各地的自然条件（包括气温、降雨量、湿度，饲料的品种、饲料的数量、饲料的质量）有明显的季节和区域特点，因此要结合家兔的习性和生理特点，不同的季节采取不同的饲养管理方法。

（一）春季的饲养管理

1. 注意气温变化

我国南北方差异较大，南方多阴雨，北方多大风。春季气候变化也大，早、中、晚温差明显，气温逐渐回暖，有利兔舍的通风。但要注意兔舍的早晚保温，门窗的开、关应随天气变化而定，要预防受风、着凉，咳嗽、感冒的发生。

春季又是各种细菌繁殖的旺盛时期，应保持兔舍干燥、兔笼卫生，坚持定期消毒，才可保持兔体健康。

2. 逐步向青饲料过渡

早春是青黄不接的时候，对没有全价饲料的大多数农村家庭养兔而言，适量补充青饲料是提高兔营养水平的有效途径，饲喂量应逐渐增多，要预防贪食现象，做到青干搭配，逐渐过渡，这样可有效预防消化道疾病的发生。

3. 抓好春繁

春季气温逐渐回暖，光照由短到长。实践证明，家兔在春季的繁殖力最强，表现为公兔的性欲旺盛、精液品质好，母兔发情明显、受胎率高、产仔数多、仔兔发育好、成活率高。春天是家兔配种繁殖的黄金季节，应周密编排配种计划，凡发情兔及时配种，未发情的要催情。配种后进行受孕检查，防止空怀。有条件的兔场，是安排频密繁殖的最好时期。

4. 预防疾病

春季万物复苏，各种病原微生物活动频繁，是家兔多种传染病的多发季节，疾病预防工作应放在首要位置，结合自家的防疫程序，依据兔群结构将兔瘟、兔巴氏杆菌病、兔球虫病作为预防重点，有计划性和针对性地安排具体工作。

（二）夏季的饲养管理

1. 防暑降温、加强通风

夏季是兔最难养的季节，大多地区气温高，湿度大，家兔怕潮湿、怕炎热，在高温环境下，兔的生活力下降，生长发育缓慢，做好防暑降温是关键。为了改善兔舍通风，应开窗开门。但要安装纱门纱窗，防止蚊蝇进入。舍温超过 35℃ 时，兔舍地面应洒凉水。有条件的养兔场可安装换风扇，以利流通空气，防暑降温。

2. 合理饲喂、满足饮水

炎热的夏季，特别是中午，家兔食欲下降，因此饲喂时间、饲喂次数、饲喂方法和饲料的组成，都对家兔的采食和体热调节产生影响，应从饲喂制度和饲料结构方面进行适当调整，早餐应提早喂，午餐要少喂，晚餐推迟喂，全日饲喂以晚餐为主，把日粮的 80％安排在早晚。多喂青绿饲料，给足新鲜清洁的饮水，可在水中加 0.5％～1％的食盐，既补充体内的盐分消耗，又利于解渴防暑。

3. 降低饲养密度

兔舍的高温热量来源有太阳辐射、热空气、兔体散热及兔粪尿的散热，所以饲养密度越大，兔本身的产热就越多，越不利于防暑降温，因此，降低饲养密度是减少热应激的一条有效措施。

4. 预防疾病

夏季是兔病的高发季节，病原微生物繁殖速度快，饲料、饮水及器具容易受到污染，所以一定要从兔舍的常规卫生着手，经常保持兔食槽、饮具的清洁，加强兔舍及兔用具的消毒，伏天每周增加一次。梅雨季节，将兔球虫病和兔巴氏杆菌病列入常规预防。

5. 控制繁殖

家兔具有常年发情、四季繁殖的特点，只要环境得到有效控制，特别是温度控制在适宜的范围内，四季均可获得良好的繁殖效果。炎热夏季若不能有效降低温度到 30℃ 以下，则不宜交配繁殖。因为高温可导致低配种率、低产仔数、怀孕前期的死胚，以及怀孕后期孕兔的中暑死亡。尤其獭兔和长毛兔更应控制繁殖。

6. 计划好青饲料、多汁饮饲料的供应

夏季是青饲草丰盛的季节，家庭养兔、小规模兔场这个时期兔饲料应以青饲料为主，规模养兔场最好要有青饲料的供应基地。实践证明，优质的青饲料、多汁饲料，不仅可以满足家兔的营养需求，而且可以有效降低家兔高温应激反应。

『专家提示』

（1）实际上许多有繁殖计划的兔场，将暑期安排为母兔的哺乳期和空怀期。这样可降低热应激对母兔繁殖的影响。

（2）暑期将哺乳期延长到35～45天，可降低热应激对断奶仔兔的影响。

（三）秋季的饲养管理

（1）秋季天高气爽，饲草饲料充足，是家兔繁殖的大好时期，应抓紧配种工作，也是安排频密繁殖的最好时期。

（2）要精心护理妊娠母兔和产仔母兔，这时青绿多汁饲料最为丰富，农村家庭养兔一定要抓住秋膘，才能保证安全过冬。

（3）秋季早、晚温差变化大，气温易突变，并有风雨天气，应预防着凉、感冒、肺炎、肠炎的发生。

（4）秋季是饲草饲料收获的最佳季节，抓住有利时机，贮备兔场的越冬饲草。

（四）冬季的饲养管理

（1）冬季气温低，日照短，缺乏青饲料，饲养管理要点是防寒保暖。兔舍门窗应关闭严紧，特别是大风降温天气，严防贼风侵袭。当兔舍温度低于5℃时，要给兔舍供暖，夜间挂棉门帘、棉窗帘。

（2）兔舍的通风换气。防寒保暖带来的直接后果就是兔舍通风换气不足，兔舍内有害气体浓度过高，诱发兔群呼吸道疾病，因此需要在窗户上安装通风漏斗（开口朝上），并且每日中午时段应打开窗户，排出浊气。较大的兔舍要安装机械通风设备。

（3）抓好冬繁、冬育、冬养 冬季气温低，给家兔的繁殖带来困难，但是，冬季又是病原微生物活动较少的时期，养兔实践证明，在搞好保温的情况下，冬繁仔兔的成活率最高，而且仔兔发育好、体型大、疾病少。

① 保持兔舍温度在 10℃以上，最低的时候也应在 5℃以上。

② 实施母仔分开，对产后 13 天内的仔兔，要对产箱精细管理，产仔箱整体保温，产仔箱内可多填充垫草，形成四周高、中间低的浅锅底状让仔兔相互靠拢，实现保温防寒的目的。

③ 小规模养兔户可根据自身的条件，让母兔打洞产仔，这样可充分发挥家兔母性本能作用，也可以建造人工洞穴，实践证明，洞穴内产仔，仔兔的成活率高，发育好。

七、不同生产类型兔的饲养管理技术

（一）肉兔的饲养管理技术

我国肉兔饲养一直以农村家庭饲养和小规模兔场饲养为主体，近年来较大规模集约化、半集约化、工厂化饲养肉兔养殖场正在兴起。不同规模的肉兔生产，其饲养管理措施也不同。

1. 小规模养兔的饲养管理（家庭养兔、小型养兔场）

（1）育成期的饲料采用以青粗饲料为主，适当搭配精料的方法。前期以青粗饲料为主，精料为辅；后期（上市前 20～30 天）逐渐增加精料喂量，但粗纤维不低于 10%。

（2）充分利用春秋两季的气候优势，组织好兔场的春繁和秋繁，使生长兔能够最大限度地利用青饲料，降低养兔的饲料成本。

（3）适宜舍温为 15～25℃，低于 15℃或高于 25℃不利于肥育。北方干燥地区，50 日龄后的幼兔可实行地面"圈养"，但要保持地面干燥、清洁并设相应的饲槽和草架。饲养密度每平方米12～16 只。

（4）肉兔在肥育后期适当限制运动和光照，会有利于育肥兔增重。

（5）创造条件，认真组织好兔场的冬繁冬养工作，以降低种兔空怀期的饲养成本。

2. 大规模养兔的饲养管理（大规模集约化、半集约化、工厂化养兔场、中型养兔场）

（1）在饲养方面，通常采用全价颗粒饲料饲喂，育肥兔全程实行自由采食和自由饮水，因此应当配置自动食槽、自动或半自动饮水器。肉兔全价颗粒饲料的营养水平：建议消化能 10～11 兆焦/千克、粗蛋白 16%～17%、粗脂肪 2.5%、粗纤维 ≥14%、钙 0.5%～1.0%、磷 0.3%～0.5%、赖氨酸≥0.8%、蛋氨酸＋胱氨酸＞0.6%。

（2）在管理方面，为了达到肉兔增重快、饲料报酬高的目标，必须实行分群笼养，按大小、强弱分群。按笼舍分批育肥，批量生产，采用全进全出方式较为有效。

（二）獭兔的饲养管理技术

饲养獭兔是为了获得优质兔皮，饲养期长达 6～8 月龄，这时皮张幅度大，被毛光滑平整，毛纤维浓密，板皮成熟，符合制裘皮的要求，属于优质板皮，能获得更好的经济效益。

（1）獭兔仔兔出生第 3 天起开始长绒毛，15 日龄毛被光亮；15～30 日龄被毛生长最快；60 日龄左右开始换胎毛；4～4.5 月龄，第一次年龄性换毛后，被毛光润，呈现标准颜色，也称皮板成熟期，体重 2～2.5 千克；6～6.5 月龄，第二次年龄性换毛，换毛后屠宰，皮张面积大，毛皮品质优良。

（2）3 月龄以内的仔兔和幼兔，必须加强饲养管理。这个时期其骨骼、肌肉及毛皮处在生长发育阶段，只有改善饲养管理，才能充分发挥优良品种的特性。

① 饲养方面。3 月龄以内，配合饲料的每日喂量 50～120 克；接近 3 月龄时，日喂量需达到 120 克。3 月龄以后，配合饲料的平均日喂量应为 150 克。日粮的营养水平：建议消化能 11 兆焦/千克左右，粗蛋白质 18%～16%（前期 18%，后期 16%），粗纤维 10%～12%，粗脂肪 2%，钙 0.5%～0.7%，磷 0.3%～0.5%。在每千克日粮中添加维生素 D 800～1000 国际单位。

② 日粮的营养浓度方面。应该是前期高，后期稍低。其日粮还应有青绿、多汁饲料、优质干草，以满足营养需要。

③ 管理方面。对断奶后的幼兔公兔，除个别留种用外，都应去势，以利于生长。可按照大小、强弱进行分组（笼），每组 3～5 只。

3 月龄以后可实行单笼饲养，可防止打架咬斗，确保毛皮质量。兔舍兔笼要清洁、卫生、干燥，搞好环境卫生。

对兔群要加强检查，凡发现疥癣病、霉菌性脱毛癣、兔虱、跳蚤、脓肿、脚皮炎等疾病，应及时隔离治疗，对兔舍、兔笼要进行消毒。

『专家提示』

（1）獭兔取皮通常因市场需求分两个月龄段，一是 4.5～5 月龄即第一次年龄性换毛后，二是 6～6.5 月龄即第二次年龄性换毛后。养殖场可根据市场上这两路皮价的差异，灵活决定取皮的时间。

（2）中小型养殖场户，应根据自己的设施设备条件、管理水平灵活决定取皮的时间，不要盲目追求皮张大而增加饲养期，反而效益不高。

（三）长毛兔的饲养管理技术

长毛兔的主要生产性能指标是产毛量，影响兔毛产量和品质的因素有遗传因素、体重因素、性别因素、年龄因素、剪毛间隔时间因素、环境温度因素和饲养管理因素，其中饲养管理因素为主要因素。长毛兔的饲养管理与其他兔基本相似，但是又具有特殊性。

1. 种公兔的饲养管理

（1）非配种期的种公兔因生理负担不重，只需保持中等营养水平即可。蛋白质水平在 12％左右和足够的维生素，每日每兔供给精料 80～100 克，青饲料 800～1000 克，冬季每日每兔供给精料 100～120 克，青干草最好制成草粉与精料混合拌湿饲喂。

（2）配种期的种公兔生理负担重，应注意营养的全面性和长期性，特别是蛋白质、无机盐、维生素等。应在配种前 15～20 天调整日粮配方，配种旺期要适当补充动物性饲料。

2. 种母兔的饲养管理

种母兔是兔群的基础，负担着妊娠、产仔、哺乳和产毛等多种任务，营养消耗大，特别是妊娠后期和哺乳期，更应加强饲养管理。

（1）空怀期　由于哺乳期消耗大量营养物质，饲养上营养要全面，要供给充足的优质青草和少量精料，保持中上等膘情。对长期不发情的母兔应改善饲养管理条件，并可利用人工催情技术。

（2）妊娠期　除维持母兔本身营养需要外，还需满足胚胎、乳腺发育和生长毛需要。妊娠前期（即妊娠后 1～18 天）饲养水平稍高于空怀母兔；妊娠后期（即妊娠后 19～30 天）因胎儿增长速度很快，需营养物质多，饲养水平应比空怀母兔高 1～1.5 倍。在自由采食青饲料的情况不，每天每兔喂精料应不低于 100 克。冬春季节，最好饲喂全价饲料，自由采食。

（3）哺乳期　母兔分娩后即进入哺乳期，长毛兔哺乳期一般为40～50 天。

一要加强饲养，必须供给母兔营养丰富和容易消化的饲料，保证供给充足的蛋白质、无机盐和维生素。饲料要新鲜、清洁，适口性好。夏秋季节每天可饲喂青绿饲料 1000～1500 克，混合料不低于 100 克；冬春季节，最好饲喂全价饲料，自由采食。

二要精心管理，哺乳母兔和仔兔最好分开饲养。

三要预防母兔乳房炎。乳房炎多因母兔泌乳过多、乳汁过浓，或因仔兔太少、乳汁过剩，或母兔泌乳不足、仔兔过多引起争食咬伤乳头所致。对泌乳过多产仔少的可采取寄养法；对奶水不足的母兔，可加喂黄豆、米汤或红糖水，也可喂"催乳片"。产后 1 周内，每次喂奶后要检查母兔乳房，看乳汁是否排空，发现乳房有硬块要立即按摩；乳头有破裂需及时涂擦碘酊和内服消炎药。

四要搞好笼舍卫生，经常检查笼底板的安全状态。

3. 青年兔的饲养管理

从 3 月龄至初配前的未成年兔称为青年兔，又叫育成兔或后备兔。其生长发育快，采食量增加，抗病力增强，死亡率降低，是长毛兔一生中最容易饲养的阶段。

（1）日粮中以青粗饲料为主，适当补给精饲料，一般日喂混合精饲料 50～70 克，青饲料 500～600 克。5 月龄以后的青年兔应适当控制精料喂量以防过肥而影响种用，由于青年兔是长肌肉、长骨骼的阶段，应特别注意无机盐类饲料的补充。

（2）性成熟早的青年兔在 3～4 月龄就会发情，为防止早配，必须把公兔和母兔分开饲养。

4. 商品毛兔的饲养

（1）商品长毛兔的营养需要量要随采毛和毛生长周期而变化，采毛后第一个月采食量最大，第二个月毛纤维生长最快、营养需求最多，第三个月毛纤维生长缓慢，采食量相应减少，第三个月末毛纤维生长几乎停止，因此要根据毛的生长需求，及时调整饲料供给量。

（2）商品长毛兔宜喂青饲料，不宜饲喂干草和干粉料，因为草屑和粉尘会污染毛纤维，造成毛的品质下降。商品长毛兔最理想的饲料是全价颗粒饲料。

5. 商品毛兔的管理

（1）笼具质量和单笼饲养　毛兔的被毛生长快又长，通常在 10 厘米以上，很容易缠结和污染，因此要求商品毛兔要单笼饲养，宜使用水泥板结构的兔笼，不宜使用铁丝网结构的兔笼。

（2）商品毛兔更不适应高温高湿的环境，因此一定要加强梅雨季节兔舍环境的控制。

（3）及时梳毛　梳毛的目的是防止兔毛缠结，提高兔毛质量，也是积少成多的收集兔毛的方法。梳毛采用金属梳或木梳，顺序是颈后、两肩、背、体侧、臀、尾、后肢，再提起两耳及颈皮，梳前胸、腹、大腿两侧、额、颊及耳毛。

（4）适时采毛　剪毛是采毛的主要方法。一般以年剪毛 4～5 次为宜。养毛期 90 天可获特级毛、70～80 天可获一级毛、60 天可获二级毛。剪毛方法一般采用专用剪毛剪，也可用理发剪。剪毛顺序为背中线——体侧——臀部——颈部——颌下——腹部——四肢——头部。剪毛应按长度、色泽及优劣程度分别装箱，毛丝方向最好一致。

拔毛是一种重要的采毛方法。优点是可促进毛囊增粗，粗毛比例增加，优质毛比例可提高 40％～50％，提高粗毛率 8％～10％；可促进皮肤代谢机能和毛囊发育加速兔毛生长，提高毛产量 8％～12％；拔毛时拔长留短，有利于兔体保温。拔毛方法：拔长留短，适于寒冷或换毛季节，每隔 30～40 天拔毛一次；全部拔光，适合温暖季节，每隔 70～90 天拔一次。拔毛时先梳理被毛，再用左手固定兔子，右手拇指将兔毛按压在食指上均匀用力拔取一小撮。

（5）剪毛期管理　毛兔剪毛以后环境发生了很大的变化，管理工作的重点必须转移到预防毛兔呼吸道、消化道及皮肤疾病方面。剪毛在晴朗和气温较高的天气进行，剪毛后适当保温和增温；剪毛是一种较大的应激，在剪毛前后，可在毛兔的饮水中投放抗应激药物，如维生素 C、复合多维；为预防感冒可在饲料中添加中药抗感冒制剂，对于有皮肤病的兔场，剪毛后一周进行药浴效果最佳。

『专家提示』

（1）合理的采毛方法可促进兔毛生长，提高兔毛质量。

（2）采集的兔毛要注意保管。因兔毛的质量是按毛纤维的"长、白、松、净"程度来分级的。

兔毛易缠结、受潮、虫蛀，日晒后又易变脆。因此，收集后的兔毛应装入木柜或纸箱，避免重压，不宜多翻动以免缠结，最好用塑料布衬垫箱体内壁。兔毛切忌在阳光下暴晒，可放置用纱布袋装的樟脑丸或其他防虫剂，放在墙角等阴凉通风处应注意防潮。此外，保管兔毛还应注意防鼠、防尘。

（3）要积极推广长毛兔的拉毛技术，从而提高兔毛的长度、密度、生长速度、粗毛率，缩短采毛周期，提高采毛次数，拉毛比剪毛平均提高一个等级，可增加收入 25％～30％。拉毛的方法有两种：一是拔长留短，二是拔光毛。一般采取拔光毛的方法，毛兔生长 60 天左右即剪第一次毛，即胎毛，不宜拔，以后每 70～90 天就可以拔光毛一次，此法适宜于春秋换毛季节。

第五讲

家兔的繁育和选育技术

● 本讲的知识要点：

✓ 家兔的性成熟、体成熟、配种年龄、发情、发情周期
✓ 家兔的妊娠、妊娠期、妊娠检查
✓ 家兔的配种方法、人工授精
✓ 家兔的选种指标、选种方法
✓ 家兔的选配方法、家兔杂交优势的利用

一、家兔的繁育技术

（一）家兔的生殖生理

1. 精子和卵子的发生

（1）精子的发生　精子是由公兔睾丸中的精原细胞，在其周围营养细胞的滋养下，经过一系列连续的分裂、增殖和发育等不同阶段的复杂生理变化形成精细胞，然后附着在营养细胞上，经过变态期形成。精子随着曲细精管的收缩和蠕动，到达并贮藏在附睾中。

一般而言，公兔4～6个月达到性成熟，当公兔交配射精时，精子通过输精管和副性腺的分泌物混合成精液而排出体外。每次排出的精液量平均为1毫升，变动范围为0.4～1.5毫升，多者可达2毫升。每毫升精液中含有0.7亿～2亿精子。兔的精子是一个特

殊细胞，形状似蝌蚪，全长为 33.5～62.5 皮米，它分头、颈、尾三部分。

（2）卵子的发生和卵泡的发育　母兔卵巢中的卵原细胞经过大量增殖形成卵母细胞。卵母细胞与其周围的细胞形成卵泡。卵泡细胞为卵母细胞提供养分。卵泡经过原始卵泡、初级卵泡、次级卵泡、生长卵泡和成熟卵泡等连续发育阶段达到成熟，称成熟卵泡。成熟卵泡内含发育成熟的卵子。

卵泡发育到完全成熟的时期，卵子从卵泡中释放出来称排卵。兔子在一次发情期间，两侧卵巢所产生的卵子数 18～20 个。在每个发情期所排出的卵子数，一般来说是比较恒定的。

2. 受精过程

受精是精子、卵子两性生殖细胞经过复杂的生理、生化等变化过程之后，两者结合成一个与原来性生殖细胞完全不同的新的生命细胞——合子的过程。

家兔配种后，精子到达输卵管上 1/3 处与由卵巢中排出的具有受精能力的卵子相遇，精细胞的细胞核形成雄原核，卵子的细胞核形成雌原核。两个原核结合形成合子。合子形成后，立即进行分裂，在输卵管中得到一定的发育后，形成胚胎，胚胎沿着输卵管移行到子宫，然后在子宫壁着床，共同形成胎盘，胎盘是连接母体和胚胎的纽带，胚胎通过胎盘进行新陈代谢，这种方式一直维持到胎儿的娩出。

3. 家兔的性成熟、配种年龄和利用年限

（1）性成熟　初生仔兔生长发育到一定年龄，生殖器官已发育完成，公兔睾丸中能产生具有受精能力的精子，母兔卵巢中能产生成熟的卵子时，具备了繁殖能力，叫做性成熟。

（2）配种年龄　也称为初配年龄或适配年龄。家兔在性成熟以后，兔体的各部分器官仍处于发育阶段，过早繁殖不但影响家兔本身发育，而生产下来的仔兔体型小，母兔泌乳量也少，仔兔育成率低，所以一定要防止过早配种。在生产中一般以体重作为确定配种年龄的标准，即达到成年体重的 75% 以上时即可配种。小型兔 4～5 月龄，中型兔 5～6 月龄，大型兔 6～7 月龄。

（3）利用年限　家兔的繁殖能力与年龄有关，一般情况下 1～

2.5 岁繁殖能力最强，在生产中，一般将利用年限控制在 3 年以内，延长种兔的使用年限在经济上是不合算的，在采取频密繁殖技术的兔场，种兔的利用年限大多在 2 年以内。

4. 母兔的发情与发情周期

(1) 母兔的发情和发情表现　性成熟之后的母兔，卵巢中的卵泡相继发育，每隔一定的时间就有一批成熟的卵泡形成，成熟的卵泡内含有大量的雌激素，反射性地作用于兔的大脑性活动中枢，引起母兔生殖器官、行为等变化，称为发情。母兔在发情时，主要表现是活跃，兴奋不安，食欲减退，常在饲槽或其他用具上摩擦下颌，俗称"闹圈"。性欲旺盛的母兔主动向公兔调情、爬跨，甚至爬跨自己生的仔兔或其他母兔。当公兔追逐爬跨时，伸长体躯，并抬高臀部，以应合公兔的交配动作，愿意接受交配。阴门及外生殖器官的可视黏膜呈潮红色。上述发情表现，一般母兔持续 1～4 天，也叫发情持续期。

(2) 发情周期　从这次发情结束到下次发情结束的时间称为一个发情周期。

家兔属于交配刺激排卵的多胎动物。在性成熟的母兔卵巢内，经常有许多处于不同发育阶段的卵泡，但是成熟卵泡必须在公兔交配刺激后 10～12 小时才排卵．所以它的发情周期不像其他家畜那样明显。如果未对母兔进行交配刺激，这些成熟的卵泡在体内雌激素与孕激素的协同作用下，经 7～10 天之后就逐渐萎缩、退化，并被周围组织所吸收，而新的卵泡又开始成熟，所以一般家兔的发情周期多为 7～10 天，变动范围大。但也一些学者认为，母兔不存在发情的周期性，因为母兔的卵巢上经常存在着处于不同发育阶段的卵泡，因此任何时候交配均有可能受孕。养兔实践中也充分证明这一观点，对不发情的健康的空怀母兔，在光照、气温、环境适宜的情况下，将母兔放入公兔笼内 1～2 天，大多数可接受配种，并且有较高的受孕率。

(3) 适宜配种时期　母兔在交配刺激后 10～12 小时排卵，母兔输精的理想时间，应在刺激排卵后 2～8 小时内为宜，若自然交配，则在发情最旺盛阶段，即阴部黏膜呈紫红色效果最好。

『知识链接』

（1）公兔的生殖器官包括睾丸、附睾、输精管、阴茎和副性腺。睾丸具有产生精子和分泌雄性激素的功能，雄性激素维持公兔的雄性特征。单睾和隐睾的公兔不育。

（2）母兔的生殖器官包括卵巢、输卵管、子宫、阴道和外生殖器。子宫是胎儿发育的场所。卵巢具有产生卵子和分泌雌性激素的功能，雌性激素维持母兔的雌性特征。卵巢排卵后如受孕，则卵巢内形成黄体，黄体分泌的黄体酮具有保胎和抑制发情的作用。

（二）妊娠与妊娠期

（1）受精　在母兔生殖器官中，精子与卵子相结合，形成合子，即新的生命细胞，称受精。

（2）妊娠　在母兔体内子宫中，受精卵逐渐发育成胎儿所经历的一系列复杂生理变化过程，叫妊娠。

（3）妊娠期　完成妊娠过程所需要的时间，就叫妊娠期。平均为30～31天。正常的情况下，大多数母兔能如期产仔，延期2～3天分娩的仔兔可正常成活和发育，但提早2～3天分娩的仔兔，生活力很差。妊娠期的长短因家兔的品种、年龄、个体营养状况、健康水平、胎儿的数量、发育情况等不同而略有差异。通常体型大、年龄大、胎儿数少、营养状况好的母兔，妊娠期多1天的常见。

（三）妊娠检查

（1）外部观察法　母兔妊娠后，食欲增强，采食量增加。散养家兔做打洞准备，腹部逐渐增大。

（2）复配法　在母兔配后5～6天内，把母兔送到公兔笼（窝）里，若母兔已经妊娠，就会发出警惕性的"咕、咕"叫声，或卧地不起，不让公兔接近，拒绝交配。

（3）放射免疫诊断法　是目前妊娠早期诊断最先进的方法，是依据兔体内孕酮含量水平诊断的。母兔发情期孕酮水平每毫升血清中为 0.8～1.5 毫微克。

(4) 摸胎法 在配种后 1 周进行。摸胎法操作简单，准确度高，是生产中常用的一种母兔妊娠诊断方法。操作时，术者左手握住母兔的耳朵和颈皮，将兔放在桌面或平地上，使兔头朝向术者胸部，右手作"八"字形伸向兔两后肢中间，从后向前轻轻沿骨盆壁腹两旁摸索。若整个腹部柔软如棉花状，则没有妊娠；若摸到子宫角粗肿膨大，内有像花生米样大小、能滑动的球状物，则是妊娠的表现。妊娠 12 天时，胚胎状似樱桃；妊娠 13～14 天，胚胎状似杏核；妊娠 15～17 天，像鸡蛋黄大小而有弹性的胚泡；妊娠 20 天以后再触摸时，便可摸到成型的胎儿，并有胎动的感觉，而胚泡则不明显了。

『专家提示』

(1) 在早期摸胎时，初学者容易把 7～10 天的胚泡与粪球相混淆。注意两者的区别，兔粪球多为扁椭圆形，手感无弹性也不滑动，表面不光滑，在腹腔分布面很大，没有一定位置，但最后与直肠粪球相接。而胚胎的位置则比较固定。用手轻轻按压时，光滑而有弹性，有滑动感。同时随着妊娠时间延长，胚泡与粪球的区别则愈加明显．超过 15 天时腹围增大，外部观察也比较明显。摸胎检查时，动作要轻，严防挤破胚泡，更不宜点胚泡数，否则造成死胎或流产。

(2) 在触摸诊断过程中，要注意区别子宫脓肿与胚泡。子宫脓肿虽有弹性，但增大较慢，而胚泡则增长迅速而有规律，且有多个，大小均匀。当子宫内有多个脓肿时，其大小一般差异悬殊。另外，子宫脓肿一般膘情较差。大型兔特别是在膘情较差时，肾脏周围的脂肪少，肾脏悬垂，易与 18～20 天的胚胎相混淆。

(四) 分娩与护理

胎儿在母体内发育成熟之后由母体内排出体外的生理过程叫

分娩。

（1）分娩生理 母兔在妊娠后期，子宫不断膨大，刺激外部神经感受器，通过下丘脑作用于垂体后叶，释放催产素并进入血液循环系统，反射性地引起子宫肌的节律性收缩，使妊娠母兔产生分娩动作等一系列生理现象，直至把胎儿排出体外。

（2）分娩表现 母兔在分娩时的表现比较明显。多数母兔在临产前数天乳房肿胀，并可挤出乳汁；腹部凹陷，尾根和坐骨间韧带松弛；外阴部肿胀出血，黏膜潮红湿润；食欲减退，甚至不吃食。在临产前数小时，也有在前1～5天便开始叼草营巢，并将胸、腹部毛用嘴拉下来，衔入巢内，并频繁地出入产箱。散养的母兔，在妊娠半个月后便开始打洞，并衔草做窝，一直到产前数日，再拉毛营巢。拉毛是一种母性行为，可刺激乳腺分泌乳汁，便于仔兔哺乳，也是为仔兔准备良好的御寒物，拉毛营巢是家兔母性行为的表现，一般来讲，凡是做窝早、拉毛多的母兔，其护子能力强，泌乳量也大。因此，对产前不会拉毛、不衔草做窝的母兔，要管理人员代为铺草拉毛，以唤醒其母性本能。

（3）分娩的护理 母兔分娩时，一般由于子宫的收缩和阵痛，呈犬卧姿势，弓背努责，排出胎水，仔兔连同胎衣（胎儿胎盘）等依次产出，母兔边产边将仔兔脐带咬断，并将胎衣吃掉，同时舔干仔兔身上的血迹和黏液，分娩结束。整个分娩过程需30～40分钟，但是，也有个别母兔在分娩部分仔兔，间隔数小时后，再分娩第二批仔兔。母兔分娩过程要损耗体内大量的水分，因此产前要给母兔准备好足够的清洁的饮水，以防母兔产后口渴难耐而误食仔兔。

（五）家兔配种方法

1. 自然交配法

自然交配法即将公母兔按一定的比例混养在一起，任其自由交配，常见于放养和圈养的兔群。这种配种方法配种及时，能防止漏配，节省人力。母兔在一个发情期可多次交配。受胎率和产仔数一般较高。但缺点很多，其一，公兔整日追逐母兔交配，体力消耗过大，配种次数过多，精液质量无保障，公兔易早衰，利用年限短，不能发挥优良种公兔的作用；其二，血缘关系不清，无法选种选配，极易造成近亲繁殖，品种退化；其三，公兔与公兔之间，容易互斗咬伤，影响配种，严重者失去配种能力；其四，兔群疾病难以控制，尤其是生殖系统疾病容易传播。因此，采用家兔自然交配的方法时应定期轮换种公兔，经常检查兔群的体质体况，及时隔离和淘汰病兔。

2. 人工辅助配种法

即平时种兔单笼饲养，在母兔发情期间，按照配种计划将其放在选定的公兔笼内进行配种，这种方法叫人工辅助交配，为我国大多数养兔场普遍采用。它与自然交配法相比，有以下优点：第一，能有计划地进行配种，避免近亲交配和乱配，以便保持和生产品质优良的兔群。第二，有利于保持种公兔的性活动机能与合理安排配种次数，延长种兔的使用年限，从而提高家兔的繁殖力。第三，有利于保持种兔的身体健康，避免疾病的传播。人工辅助配种法需要有一定经验的饲养管理人员对母兔进行发情鉴定，其技术措施如下。

（1）配种前对种兔的健康状况进行认真检查核实，凡患有各种疾病的兔，尤其是生殖道疾病，一律不能参加配种。对长途运输之后、病愈不久、刚接种疫苗的发情兔不能马上安排配种。

（2）不论何种家兔，要根据选种选配的要求，编制配种计划，防止近亲交配，有计划地使用优良公兔。准备好各种登记表格，详细做好配种、产仔记录。

（3）毛用兔在配种前，要安排一次剪毛，以利配种和提高受胎率。

（4）配种活动必须在公兔笼内进行，以防因环境改变，造成公兔精神紧张，精力分散。笼内要搞好清洁卫生，笼底板不宜过宽，周围的环境要保持安静，以免影响配种效果。

（5）春秋两季配种应安排在日出和日落前后进行，冬季在中午，夏季在早晨和夜间，最好空腹时配种。

（6）检查母兔的发情状况。未发情母兔，外阴部苍白而干涩；发情母兔外阴部黏膜红肿、湿润，但以呈老红色或黑红色时交配效果较好。

（7）加强配种公母兔的营养。种兔以精饲料为补充的饲喂方法，一定要注意补喂蛋白质饲料和维生素丰富的青绿饲料；种兔以颗粒饲料为主的饲喂方法，可直接饲喂妊娠期饲料。

（8）配种时双方先用嗅觉辨明对方的性别，然后公兔追逐母兔，并试伏母兔背上，或以前足揉弄母兔腰部，同时作交配动作。如果母兔正在发情，即抬高臀部举尾迎合。交配完成后，若母兔没有排尿的动作，即可将母兔送回原笼。

（9）配种时若公兔追逐母兔，而母兔逃避或匍匐在地，并用尾部夹紧外阴部，不接受交配，可采取人工辅助的方法，用左手抓住母兔耳朵和颈皮，右手伸向母兔腹下，举起臀部，以食指和中指夹住尾巴，露出外阴部，让公兔爬跨交配，仍可交配成功。实践中也有用牵线法来进行人工辅助，即用一根细绳拴住母兔的尾巴，将绳的游离端沿兔的背部到头的方向，轻轻上拉，露出外阴，用另一手托起后躯迎合公兔交配。

（10）交配之后，应轻拍母兔的臀部，以防精液倒流，若母兔在配种后排尿，应予以补配。同时将初配日期，所用公兔品种、编号等及时登记在母兔配种卡上。为了确保母兔及时妊娠与产仔，在初配后 5 天左右，再用上述方法进行复配一次。如果母兔拒绝交配，边逃边发出"咕咕"的叫声，说明母兔已经妊娠，应速将母兔送回原笼。如果母兔接受交配，则表明初配未孕，并将复配日期记入配种卡片上。

（11）大中型养兔场公、母兔比例应为 1：（8～10）。公兔应控制配种频率，连续使用 2 天要休息 1 天。遇有母兔发情集中，也可适当增加配种次数或延长交配日数，但要加强公兔的营养，以免影响公兔健康和精液品质。

3. 人工授精

人工授精是家畜繁殖改良工作中最经济，最科学的方法。即利用家兔采精器采集公兔的精液，母兔经诱导交配（结扎输精管的公兔）排卵后，借助家兔输精器将精液输入母兔的生殖道内使之受胎。

家兔实行人工授精的优点如下：①可充分发挥优良种公兔的作用，加快良种的推广。②可大量减少公兔的饲养量，降低饲养成本。③能有效提高产仔数。④能防止一些疾病的传播，家兔人工授精要求无菌操作，可以有效防止生殖器官疾病及其他疾病的传播，对防疫灭病有利。⑤可使家兔生产实现繁殖同步化,商品兔出栏同期化,生产管理程序化和产品质量规格化,有利于对家兔繁殖规律的研究。⑥设备简单,投资少,操作方便。

(1)采集精液

① 采精器具的准备。假阴道(由外壳、内胎和集精杯组成)的安装、消毒和调温,安装好的假阴道用肥皂水反复清洗后,再用清水清洗,最后用生理盐水冲洗一遍,再在内胎和外壳的夹层中注水,调节水温为39~40℃。

② 采精。选一只发情母兔作台兔放在公兔笼内,之后术者左手抓住台兔的双耳及颈皮,头向术者方向固定,右手握住安装好的假阴道,小指和无名指护住集精杯,伸向台兔两后腿之间,使假阴道口紧贴在阴门下部,并稍微用力托起台兔臀部,随时调整方向和位置。当公兔开始爬跨、阴茎挺起时,只要方向位置适宜,便能顺利插入假阴道内,公兔臀部快速抽动,当公兔射精后,倒在台兔一侧,应立即将假阴道口端抬高抽出,竖直取下集精杯,加盖并贴好标签,送检验室镜检。

(2)精液的品质检查 如射精量、色泽、pH 值、精子的密度、精子的活力、精子的形态和精液的气味。

① 射精量:指公兔的一次的射精量,一般为 1 毫升左右。可从带有刻度的集精杯上直接读数。

② 颜色和气味:乳白色或灰白色、混浊而不透明者为良好精液。精液的混浊度越大,说明精子的密度越大,正常的精液应无臭味。精液呈红、黄、绿等颜色,通常带异味,均不可用。

③ pH 值:一般用精密 pH 试纸测定,正常精液的 pH 值为6.6~7.6。夏季公兔精液品质不良,或为附睾炎、睾丸萎缩等,pH 值会偏高,不宜使用。

④ 精子的活力:用干净的乳头吸管吸取少许精液,滴于载玻片上,轻轻盖好玻片,放在 200~400 倍显微镜下观察。若精子100%的呈直线运动,其活力记为 1;若 90%呈直线运动,其活力为 0.9。在评定精子的活力时要注意环境温度,低温会影响精子的活力,最好在 35~37℃的环境中操作。

⑤ 精子的密度:指单位体积精子的数量。密度检查可判定精

液的品质，评定公兔精子密度时有两种方法，即估测法和计数法。

生产中常用估测法，即依据显微镜视野中精子间的间隙大小，分密、中、稀3个等级。显微镜下，精子布满整个视野，精子间几乎没有任何间隙，其密度判定为"密"；精子间有容纳1～2个精子的间隙，其密度判定为"中"；若精子间有容纳3个及其以上精子的间隙，其密度判定为"稀"。

计数法也称计数板测定法，是借助于血细胞计数板精确计算单位体积精液中精子数量的方法，这种方法费工费时，一般用于家兔育种对种公兔的定期检查。

（3）精液的稀释 精液稀释可以扩大精液量，增加输精母兔数，提高公兔的利用率。同时稀释液中某些成分对精子还具有营养作用和保护作用。实践中根据精子的活力和密度，决定稀释倍数。

常用的稀释液有：①0.9%的医用生理盐水；②5%的医用葡萄糖溶液；③牛奶稀释液，即将鲜奶加热到沸腾，晾至室温，用纱布过滤；④蔗糖奶粉稀释液，即蔗糖0.5克、奶粉2.5克、磷酸氢二钠1.69克、磷酸二氢钠0.41克、青霉素和链霉素各10万单位，加蒸馏水至100毫升，使之充分溶解后过滤。

一般用事先准备好的与精液等温的稀释液（25～30℃）进行稀释处理，严防温差过大或环境聚变，或稀释速度过快等不良影响。在通常情况下，家兔精液多以3～5倍稀释为宜，保持每毫升精液约有1000万个活力旺盛的精子即可。应尽量缩短从采精到输精的时间。

（4）输精

① 输精部位。家兔是双子宫动物，阴道较长，具有两个子宫口。因此，输精部位应在阴道底部靠近子宫颈口处为宜。

② 输精量。母兔在发情期间，经交配刺激后（用结扎输精管的公兔）一次输0.3～0.5毫升，输入的有效精子数为0.1亿～0.3亿个。

③ 输精方法。把消毒好的输精器，先用5%的30℃葡萄糖溶液冲洗1～2次，然后按输精量吸取精液。把母兔臀部抬高，左手分开外阴部，右手将胶管插入阴道7～8厘米深时，来回抽动数次，后将精液注入即可。

『专家提示』

(1) 家兔的人工授精实验室（工作室）要紧邻繁殖兔舍，以方便采精和输精，同时可最大限度地降低环境对精液的影响。

(2) 精液稀释的温度测定、计量操作一定要规范准确，所用器械一定要严格消毒，所用的温度计一定要定期校对。

(3) 所用稀释液要注意等温、等渗；稀释时，要将稀释液缓慢加入需要稀释的精液中，切忌将精液加入稀释液中。

(六) 影响家兔繁殖力的主要因素

(1) 温度　环境温度对家兔的繁殖性能影响比较明显。外界气温超过30℃时，即可使家兔食欲下降，呼吸频率加快，性欲减退。持续高温时，可使睾丸产生精子的能力减弱，发育不全，畸形精子增加，甚至不产生精子。低温对家兔繁殖力也有一定的影响，当环境温度低于5℃时，公兔性欲降低，母兔不能正常发情。

(2) 营养　高营养水平会造成种兔体内脂肪的沉积，从而影响卵泡的发育和排卵及精子的生成，妊娠受阻。营养水平过低或营养不平衡同样会使家兔的繁殖机能降低。

(3) 对种兔使用不当　对种公兔而言，如果经过的休闲期较长，往往出现暂时性不育；而使用过于频繁，则精液品质下降，受胎率降低。对种母兔而言，长期空怀期过长或初配过晚，也会导致妊娠困难；而繁殖过频，不但使母兔体弱多病，而且受胎率、产仔率、仔兔成活率都严重降低。

(七) 提高家兔繁殖力的措施

1. 同期发情、同期配种

对空怀母兔同时用性激素催情。先注射孕马血清促性腺激素（PMSG）250单位/只，3天左右即开始发情，此时再注射人绒毛膜促性腺激素（HCG）200单位/只，注射后95%的母兔都能发情，接受配种。受胎率可达70%～80%，平均产仔数6～7只。

同期发情可充分利用良种公兔，更有效地实施选种选配计划，加快改良和育种工作进程；有计划地控制兔的配种、产仔、育肥、屠宰和上市销售，适应商品市场需要，提高管理者的工作效率。

2. 适度频密繁殖

根据家兔的生殖生理和繁殖特点，只要做到精心饲养和科学管理，适度进行频密繁殖，避开 4 月份、10 月份季节性换毛以及 7～8 月份的炎热暑期，其他的月份均可以血配，使母兔全年平均繁殖 8 窝，每窝产仔 6～8 只，可实现年平均产仔 40～50 只。

3. 严格选种选配

种兔群中，应及时淘汰配种率低、精液质量差、母性差、年龄较大的种兔，补充生长发育良好、性机能旺盛、母性好、泌乳力强、产仔多、成活率高的后备种兔或青年种兔到繁殖种兔群中，调整种兔群的年龄结构，周密安排选配计划，避免近亲繁殖和群交乱配，以提高兔群的整体水平和种兔的繁殖率、仔兔的成活率。

4. 拟订合理的繁殖计划

在一个养兔单位、养兔场或一定的繁殖兔群中，根据当地的自然经济条件、生活习惯、市场需求特点，按照加工部门的收购计划和商品兔的收购标准，拟订与执行科学的配种计划，进行科学饲养管理，将达到要求的商品兔及时出栏、销售，既保证市场供应，又能按计划进行兔群周转，促进规模化养兔业向效益型方向发展。

5. 注意繁殖季节，注重冬繁冬养

掌握家兔的繁殖季节是提高仔兔成活率的重要环节。家兔虽在一年四季都可以繁殖，但根据我国各地的具体情况，北方各省春、秋两季是繁殖家兔的大好季节。因为这个季节气候温和而干燥，饲料也比较丰富，若能及时配种，可繁殖 4～5 窝。南方各省以秋季最为适宜，因为春季多阴雨，湿大，适应细菌繁殖，对家兔不利，尤其是仔兔病多，死亡率高。冬季是家兔病原菌的休眠期，小型养殖场、家庭养殖户要创造条件，充分利用这一季节的特点，适当安排冬繁冬养。

6. 灵活配种技术

（1）重复配种　一般情况下，只要母兔发情正常，公兔精液品质好，交配一次即可受孕，但是为提高受胎率，可在第一次配种后

6～8 小时再用同一只公兔重复交配一次，重复配种其受胎率和产仔数有明显提高。

（2）双重配种　在第一次配种后 30 分钟再用同一品种的另一只公兔重复交配一次，双重配种其受胎率和产仔数也有明显提高。适用于商品兔的生产。

『知识链接』

家兔冬繁冬养常识

（1）家兔实行冬繁冬养，符合家兔的繁殖规律。

（2）家庭养兔冬繁一般不宜频密繁殖，应实行断奶后配种，延长仔兔的哺乳期到 35 天。

（3）公母分群，单独饲养管理，实行计划配种。

（4）饲喂时要少给勤添，喂给温热的饲料。

（5）注意产仔箱、巢穴的保温。

二、家兔的选育技术

（一）家兔的选种指标

在家兔生产中，后备种兔的选择，是一个选优去劣的过程，是提高群体生产水平的重要途径，这样可使得某些优秀个体得到繁殖后代的机会，若不进行选择种兔，上下代之间则会保持不变，甚至退化。因此，家兔的选种是家兔生产的一个关键环节。

1. 产肉性能的选种指标

（1）生长速度　通常用两种方法来表示。一是累积生长，即同期出栏时的体重；二是平均日增重，即断奶到出栏期间的平均日增重。生长速度快的遗传力较高，个体选择的效果很好。

（2）饲料消耗比　从断奶到出栏期间单位增重所消耗的饲料比。饲料消耗越少，经济效益就越高，现代养兔按全价颗粒饲料计算。饲料消耗比的遗传力较高，个体选择的效果很好。

（3）胴体重　指家兔屠宰放血、去皮、去头、去前后脚、去内脏、去腹脂、留肾脏的重量。胴体重的遗传力很高，因而个体选择的效果很好。

（4）屠宰率　指胴体重占宰前活重的百分率。宰前活重是指宰前停饲 12 小时以上的活重，屠宰率越高，经济效益越大。家兔的屠宰率一般在 45％～55％，屠宰率的遗传力很高，因而个体选择的效果很好。

2. 产皮性能的选育指标

（1）皮张面积　指颈部中央到尾根的直线长与腰部中间宽度的乘积，其大小关系到商品的利用价值，在品质相同的情况下，皮张的面积越大毛皮性能越好，利用价值越高。

（2）皮张厚度　即皮板的厚度，用千分尺在肩背部、腰臀部随机测量 15 处的厚度求平均值（毫米）。一般要求皮板薄厚适中，各类兔皮中以青年兔皮板最为适宜。

（3）被毛长度　指兔毛纤维的自然长度，以厘米为单位。一般獭兔的成熟被毛长度为 1.5～2.2 厘米，同时要求长度一致，被毛的长度应以该品种特征指标为标准。实验室测定时取肩、背、臀每个部位 100 根，分别测定长度，取其平均值。

（4）被毛的密度　以兔的肩、背、臀各个部位 1 厘米² 的毛纤维，测定其根数，取平均数来表示。被毛密度越大，其毛绒越丰厚，保暖性能越好。

（5）被毛平整度　指全身被毛整齐的程度，实验室测定时，可将体表分成几个区片，每个区片随机采毛样 500 根，计算长短毛的平均差，差值越小，被毛的平整度越好。

（6）被毛的细度　指单根兔毛纤维的直径，以微米为单位，实验室测定时，一般取兔被中部两个毛样各 100 根，分别在显微镜下测量，计算其平均值。獭兔的被毛细度为 16～18 微米，被毛的细度遗传力较高，个体选择效果好。

3. 产毛性能的选种指标

（1）产毛量　有年产毛量和单次产毛量。

① 年产毛量：是指一只成年兔一年内产毛量的累计，可用实际年产毛量和估测年产毛量表示。实际产毛量为全年剪毛量的总和，估测年产毛量是按第三次剪毛量的 4 倍计算。

② 单次产毛量：是指家兔一次剪毛量。评定青年兔的产毛性能时多用单次产毛量。

（2）产毛率　是单位体重的产毛能力，通常用实际年产毛量占同年平均体重的百分比表示。

（3）兔毛品质　包括毛纤维的长度、细度、强度、弹性、吸湿性、黏结性和粗毛率等指标。通常在兔毛的收购标准中，只考虑毛纤维的长度、粗毛率和黏结性三项指标。

『知识链接』

（1）毛纺工业中，毛纤维越长，其黏结性越低，纺纱性能就越好。

（2）毛纺工业中，兔毛粗细对其品质影响是相对的，粗纺时粗毛率高，则兔毛品质好；精纺时粗毛率越低，则兔毛品质越好。

（4）饲料消耗比　每生产1千克兔毛所消耗的饲料数，一般水平为1∶（55～65）。

4. 繁殖性能的选育指标

（1）受胎率　指生产母兔在一个发情期中配种受胎的百分率，即一个发情期配种受胎的母兔数占参加配种的母兔数的百分率，是一个评价生产兔群繁殖能力的重要指标，也是评价兔场技术管理水平的重要指标，一般一个兔场母兔的受胎率应在75%以上，受胎率属于低遗传力的性状，个体选择的效果不好。

（2）产仔数　包括总产仔数和产活仔数。产活仔数是指第一次哺乳检查时的活仔兔数，生产中用来表示母兔的繁殖能力，一般一个兔场母兔的产仔数应在7只以上。产仔数属于低遗传力的性状，个体选择的效果不好。

（3）繁殖胎数　指一个兔群一年繁殖的总胎数与参加配种母兔的比值。该指标与家兔的品种有关，大型兔年繁殖胎数要低于中小型兔，但主要影响因素是兔场的饲养管理水平，一般一个兔场平均年繁殖胎数最低应在5胎以上。

（4）窝重　包括初生窝重、21 日龄窝重和断奶窝重。

① 初生窝重：指整窝仔兔出生后未哺乳之前的体重，用第二胎和第三胎初生窝重的平均数表示，筑巢能力强的母兔其仔兔的初生窝重大，体重大、营养好的母兔其仔兔的初生窝重也大。

② 21 日龄窝重：指整窝仔兔出生后 21 日龄时的窝重，又称泌乳力，通常用来表示母兔的泌乳能力，也是预测仔兔今后生长速度的指标。

③ 断奶窝重：指仔兔断奶时其同窝的总重量。是母兔哺育性能的总指标。

（二）家兔的选择方法

（1）个体选择　就是根据家兔优秀个体的外形和生产成绩而选留种兔的一种方法。这种选择对质量性状的选择最为有效，对数量性状的选择其可靠性受遗传力大小的影响较大，遗传力越高的性状，选择效果越准确。在同龄兔的大群中按性状的优势或高低排队，确定选留个体，这种方法主要用于单一性状的性能选择。按单一性状的表型值与群体中同一性状的均值之差的大小进行排队，差值大的个体就是选留对象。如果选择 2～3 个性状，则要将这些性状按照遗传力大小、经济重要性等确定一个综合指数，按照指数的大小对所选的种兔进行排队，指数越高的家兔其种用价值越高，高指数的个体就是选留对象。

（2）家系选择　家系选择就是以整个家系（包括全同胞家系和半同胞家系）作为一个选择单位，但根据家系某种生产性能平均值的高低来进行选择。利用这种方法选种时，个体生产水平的高低，除对家系生产性能的平均值有贡献外，不起其他作用，这种方法选留的是一个整体，均值高的家系就是选留对象，家系选择多用于遗传力低、受环境影响较大的性状。对于遗传力较低的繁殖性状如窝产仔数、产活仔数、初生窝重等采用这种方法选择效果较好。

（3）家系内选择　就是根据个体表型值与家系均值离差的大小进行选择，从每个家系选留表型值较高的个体留种，也就是每个家系都是选种时关注的对象，但关注的不是家系的全部，而是每个家系内表型值较高的个体，将每个家系挑选最好的个体留种就能获得较好的选择效果。这种选择方法最适合家系成员间表型相关很大而遗传力又低的性状。

（4）系谱选择　系谱是记录一头种兔的父母及其各祖先情况的一种系统资料，完整的系谱一般应包括个体的两三代祖先，记载每个祖先的编号、名称、生产成绩、外貌评分以及有无遗传性疾病、外貌缺陷等，根据祖先的成绩来确定是否选留，称系谱选择，也称系谱鉴定。系谱选择多用于对幼兔和公兔的选择。根据遗传规律，以父母代对子代的影响最大，其次是祖代，再次是曾祖代。祖代越远对后代的影响越小，以比较父母的资料最为重要。

（5）同胞选择　就是通过半同胞或全同胞测定，来确定选留种兔的一种选择方法。同胞选择也叫同胞测验，由于同胞资料获得较早，根据同胞资料可以达到早期选种的目的，对于繁殖力、泌乳力等公兔不能表现的性状，以及屠宰率、胴体品质等不能活体度量的性状，同胞选择更具有重要意义。对于遗传力低的限性性状，在个体选择的基础上，再结合同胞选择，可以提高选种的准确性。

（6）后裔选择　是根据同胞、半同胞或混合家系的成绩选择上一代公母兔的一种选种方法。它是通过对比个体子女的平均表型值的大小，确定该个体是否选留，这种方法也称为后裔鉴定，常用的方法有母女比较法、公兔指数法、不同后代间比较法和同期同龄女儿比较法。后裔选择依据的是后代的表现，因而被认为是最可靠的选种方法，但是这种方法所需时间较长，人力和物力耗费也较大，有时因条件所限，只有少数个体参加后裔鉴定；同时当取得后裔测定结果时，种兔的年龄已大，优秀个体得不到及早利用，延长了世代间隔，因此常用于公兔的选择。

『知识链接』

（1）选择单一性状采用哪种选择方法，依据是该性状遗传力的大小。

（2）选择多个性状时，有时采用一种选择方法，有时采用多种选择方法。

（3）实际选种过程不单靠一种选择方法，而是考虑几种方法的优势，在不同的阶段使用不同的选择方法。

（4）个体选择比较简单易行、经济快速，但对遗传力低的性状不可靠，对胴体性状、限性性状无法考察。

（5）同胞选择虽能为所选个体胴体性状、限性性状提供旁证，花费时间也不太长，但准确性较差。

（6）后裔测定效果最可靠，但费时间、人力和物力。

（7）系谱选择虽然准确度不高，但对早期选种很有帮助，但节省时间、人力和物力。

（三）家兔的选配

选种与选配是家兔繁育中不可分割的两个方面，选种是选配的材料，选配是选种的继续。在养兔生产中，优良的种兔并不一定产生优良的后代，但是劣质的后代一定是选配方法不正确的结果。因为后代的优劣，不仅决定于其双亲本身的品质，而且还决定于它们的配对是否合宜。因此，欲获得理想的后代，除必须做好选种工作外，还必须做好选配工作。

选配可分为表型选配、亲缘选配和年龄选配。表型选配又称为品质选配，是根据外表性状或品质选择公母兔的一种方法。它又可以分为同型选配和异型选配两种。

1. 同型选配

同型选配就是选择性状相同、性能表现一致的公母兔配种，以期获得相似的优秀后代。选配双方愈相似，愈有可能将共同的优秀品质传给后代。其目的在于使这些优良性状在后代中得到保持和巩固，也有可能把个体品质转化为群体品质，使优秀个体数量增加。例如，为了提高兔群的生长速度，可选择生长速度快的公母兔交配，使它们的后代保持这一优良特性。因此，这种选配方法适用于优秀公母兔之间。

2. 异型选配

异型选配是选择有不同优异性状的公母兔交配，以期将两个性状结合在一起，从而获得兼有双亲不同优点的后代。例如，选择兔毛生长速度快和兔毛密度大的公母兔交配，从而使后代兔毛生长速度快和兔毛密度大，最终使后代产毛量提高。

3. 年龄选配

年龄选配就是根据公母兔之间的年龄进行选配的一种方法。家兔的年龄明显影响其繁殖性能。一般青年种兔的繁殖能力较差，随着年龄的增长繁殖性能逐渐提高，1～2岁繁殖性能逐渐达到高峰，2岁半以后逐渐下降。所以在养兔生产实践中，通常主张壮年公兔配壮年母兔，青年公兔配壮年母兔，壮年公兔配青年母兔，采用这种选配方式效果较好。

4. 亲缘选配

亲缘选配就是根据公母兔之间是否有血缘关系的一种选配方式，如果交配的公母双方有亲缘关系称之为亲交，没有血缘关系的称之为非亲交，家兔近亲交配往往带来不良后果，如繁殖力下降、后代生活力降低等。但也有报道认为，近交可使毛兔产毛量提高，皮肉兔皮板面积增大。在育种过程中，应用近交有利于固定种兔优良性状，迅速扩大优良种兔群数量。由此可见，近交有有利的一面，也有不利的一面。在生产实践中，商品兔场和繁殖场不宜采用近交方法，尤其是养兔专业户更不宜采用。即使在家兔育种中采用也应加强选择，及时淘汰因近亲交配而产生的不良个体，防止近亲衰退。

5. 选配的原则

（1）要有明确的选配目的，育种和生产的目标必须明确，并将其贯穿于整个繁育过程中。

（2）充分利用优秀种公兔，扩大其对后代的遗传改良作用。

（3）慎重使用近交，近交通常用于育种，用来培育新品种和建立新品系。

（4）在纠正不良性状时应以优改劣，不允许相同缺点和相反缺点的公母兔选配。

（5）应注意公母兔之间的亲和力，要选择那些亲和力好的、所产后代优秀的公母兔进行选配。

（6）注意年龄选配。通常以壮年公兔配壮年母兔，壮年公兔配青年母兔，或青年公兔配老年母兔，切忌青年公母兔相配。

（7）选配应灵活掌握，当达不到预期效果时要及时纠正。

『专家提示』

（1）选种与选配是家兔繁育过程中的一项核心工作，因此一定要有完整准确的种兔个体记录作为依据。

（2）要制定明确可行的选种选配目标，"可行"是指必须切合本场实际。

（3）多性状选择可能不能兼得，因此选择时应有侧重点。

（4）选种是选配的材料，选配是选种的继续，延续下去，则选配又是下次选种的开始。

（四）家兔的繁育方法

1. 纯种繁殖

纯种繁殖指在同一品种内或同一品系内进行的，通过选种、选配、定向培育来繁殖后代的方法，又称为本品种选育。其目的在于保留和提高与亲本相似的优良性状，使这些优良性状的群体遗传性更为稳定，性能进一步提高，防止优良品种退化，是一个选优提纯的过程。

纯种繁殖的任务是保持和发展一个品种的优良特性，增加品种内优良个体的数量，克服品种的某些缺点，达到保持品种纯度和提高品种生产水平的目的，因此，纯种繁殖在养兔业被广泛应用于增加优良品种的数量、保存地方品种、育成新品种和引入品种的风土驯化。

2. 杂交繁育

杂交繁育指不同品种或品系的公母兔的选配，因不同品种有其各自的品种特点，通过杂交有可能将不同品种的优良性状汇集在一起，在商品兔的生产中，通过品种间的杂交往往会得到具有较强生活力、适应性及较高生产性能、较高饲料利用率的杂种兔群，因此在商品兔的生产中常常以饲养杂种兔为主，以获得最好的经济效益。

（1）杂种优势随着杂交代数的增加而降低，即第一代杂种具有最强的杂种优势，所以商品生产中普遍利用第一代杂种。

（2）杂交繁育的缺点表现为杂种的遗传性很不稳定，并随着杂交代数的增加，后代的分离现象严重，因此要严格选种选配，充分发挥杂交优势。

（3）目前杂交繁育在家兔生产中主要是配套系的利用，以数组专门化品系为亲本，通过严格设计的杂交组合试验，将其中一个相对较好的杂交组合，筛选出来作为最佳杂交模式，再以此模式进行配套杂交生产商品代兔，以充分利用各品系的杂种优势。专门化品系包括专门化父系和专门化母系，实践证明专门化的父本品系和专门化的母本品系杂交时，获得杂种优势程度比一般品种间杂交优势更大。

如安丘市绿州兔业有限公司从法国引进的伊拉兔肉兔配套系就是利用了父系（A、B）和母系（C、D）共四个品系的杂种优势，其商品代 ABCD 具有前期发育快、繁殖率高、出肉率高、抗病力强等优势。

目前，在家兔育种上将这种利用多个专门化品系以固定的杂交模式进行种兔群和商品兔群生产的配套杂交体系称配套系，如伊拉兔肉兔配套系、伊普吕兔肉兔配套系。

3. 杂交育种

杂交育种指利用两个或两个以上的品种杂交，创造新的变异类型，然后通过育种手段，将杂交后代固定起来，而进行的一种改良现有品种或培育新品种的育种方法，包括改良杂交育种和育成杂交育种。根据育种目的不同，杂交育种可分为引入杂交、级进杂交和育成杂交。

（1）引入杂交 又称导入杂交，当某个品种的品质基本符合生产要求，但还存在某些不足时，即可采用这种方法。具体做法是，选择适宜的优良公兔（导入品种）与被改良的母兔（原品种）杂交一次，从杂种后代中选择优秀个体与被改良的品种回交，产生含外血 1/4 的回交一代。根据回交一代的具体情况确定是否再与被改良的品种回交，如果回交一代不理想，可以再回交一次，产生含 1/8

外血的杂种即回交二代，以此类推。最后用符合理想型要求的回交杂种（一般含外血1/8～1/4）进行自群繁育。

（2）级进杂交 又称改造杂交或改良杂交，当某一个品种生产性能不能满足人们的要求需要彻底改良时，可采用级进杂交。一般用于生产性能低下的地方品种进行改良，具体做法是用优良品种的公兔与地方品种的母兔杂交，杂交所产生的母兔连续几代与改良品种公兔回交，随着杂交代数的增加，改良品种的血缘比重越来越高，当杂种基本接近改良品种的水平时，停止杂交，将理想型的杂种进行自群繁育，杂交时不能盲目追求杂交代数，以杂种的生产水平接近改良品种的程度而定。一般级进2～3代进行横交固定即可。

（3）育成杂交 运用两个或两个以上的品种杂交育成新品种的方法，依据品种参加数量的多少，可分为简单育成杂交和复杂育成杂交。

① 简单育成杂交：指利用两个品种杂交来培育新品种，国内外使用这种方法培育出了许多畜禽新品种，塞北兔就是利用法系公羊兔和比利时兔杂交，培育出来的大型肉皮兼用型品种。这种育种方法简单易行，新品种培育速度快，成本也相对较低。采用这种方法，要求两个品种包含所有新品种的育种目标性状，优点能互补。

② 复杂育成杂交：指利用三个或三个以上的品种杂交培育新品种的方法。哈尔滨大白兔就是利用比利时兔、德国花巨兔、加利福尼亚兔、青紫蓝兔、哈尔滨本地白兔和上海大耳白兔6个品种经过复杂育成杂交而育成的大型肉兔品种。

复杂育成杂交没有固定的杂交模式。它可以根据育种目标的要求，采用级进杂交，或者多品种交叉杂交，或者正反杂交相互结合等方法，以达到育成新品种的目的；也可由引入杂交或级进杂交转为育成杂交。哈尔滨大白兔的育成是先以哈尔滨本地白兔和上海大耳兔为母本，再与比利时兔杂交，其后又与德国花巨兔等品种进行复杂育成杂交，在杂交群体中选择白兔进行横交固定而完成育种过程的。在品种较多时，不仅应根据每个品种的性状和特点，很好地确定父本和母本，进行严格的个体选择，还要严格地推敲先用哪两个品种，后用哪一个或哪几个品种，因为后用的品种对新品种的遗传影响和作用相对较大。

『知识链接』

（1）采用育成杂交时，应该根据育种目标的要求而定，如果育种要求的目标性状利用两个品种可以满足时，就采用简单育成杂交；如果两个品种满足不了要求时，可以考虑利用3个或3个以上的品种进行复杂育成杂交，以丰富杂交后代的遗传基础。

（2）采用育成杂交时不是所用的品种越多越好。品种越多，后代的遗传基础越复杂，培育新品种需要的时间也相对较长，培育成本较高。

4. 家兔杂交优势的利用

亲本兔群的选优和提纯：选优的目的是选择优秀的表型值，提纯的目的是使优秀的表型值纯合的频率增大，个体间的差异减少，即我们常说的品种纯正。要成功地开展杂交工作，获得良好的杂交效益，对杂交亲本兔群的选优和提纯，是杂种优势利用的两个最基本的环节。只有亲本带有优质高产的遗传基因，杂种才有可能显示出杂种优势。

（1）杂交亲本的选择　对母本宜选择本地区分布最广、数量最多、适应性强、繁效力强、母性好、产仔多的品种或品系。因为幼兔在胚胎期和哺乳期的生长发育，其营养来源都必须依赖母体。母本品质的优劣直接影响杂种后代的成活与生长发育，并且杂交母本的需求量大。

对父本宜选择生长速度快、饲料利用率高、胴体品质好的品种或品系，这些性状的遗传力一般较高。同时要选择与所要求的杂种类型相同的品种作父本。

（2）杂交效果的预估　不同杂交组合的杂交效果差异比较大，如果每个组合都要通过杂交实验，测定配合力的工作量必然很大，费时费钱。在做配合力测定之前，可以预先根据品种来源和品种的生产性能作初步预估和分析，对那些明显的希望不大的组合没必要做杂交试验。

一般来讲，分布地区较远、来源差别较大、类型特征不同的个体间杂交，可获得较明显的杂种优势；性状遗传力较低、近交时衰退严重的性状，杂交时杂种优势比较明显。

（3）配合力测定　用分析法判断品种之间的杂种优势，有时不能作出正确的判断。最好用杂交试验测定配合力，以便筛选最佳的杂交组合。配合力大的，则杂交优势大。参加配合力测定的家兔品种最好要经过 2～3 代的纯种繁育提纯，再进行杂交，这样测定的数据才准确可靠。

配合力测定的注意事项：应当有杂交试验设计，试验中应突出主要性状的测定。各组合应当在同一时期相同的营养水平条件下实施测定；应当设纯繁组作对照，对照组与杂种组的营养水平和饲养管理条件也应保持一致，尽量减少环境误差；在条件许可的情况下，各组合的样本含量尽可能大一些，以便增加测定的可靠性。

（4）杂种优势率　是度量杂交效果的重要参数。其计算公式为：

$$杂交优势率（\%）=\frac{杂种一代某生产性能的平均值-亲本某生产性能的平均值}{亲本某生产性能的平均值}\times100\%$$

5. 家兔的三级繁育体系

家兔的三级繁育体系由育种兔场、繁殖兔场和商品兔场组成，育种兔场和繁殖兔场是为商品兔场提供种兔的，而商品兔场的生产性能又是鉴定育种兔场和繁殖兔场成绩的。

（1）育种兔场　育种兔场的基本任务是引进品种，并对其进行风土驯化和本品种选育，以提高其品种性能；改良和提高现有品种的生产性能，并培育新品种（或新品系）；有计划地进行杂交组合试验，以筛选出理想的杂交组合亲本，并对其进行纯化、选优和提高。将生产的优良品种提供给繁殖兔场，因此，育种场是整个繁育体系的技术核心和组织核心。

（2）繁殖兔场　繁殖兔场的任务是从育种场引进种兔，进行扩群纯繁，以满足商品兔场和养殖户对种兔的需要，对于配套系繁殖场有设置一级繁殖场和二级繁殖场，一级繁殖场的任务是将育种场引入的种兔进行纯繁，为二级繁殖场提供配套系的亲本，二级繁殖场的任务是利用纯种亲本进行杂交扩繁，为商品兔场提供杂合公母兔（或杂合母兔）。

（3）商品兔场　充分利用繁殖兔场提供的种兔和杂交模式，进行品种（或品系）的杂交生产，以获得大量的优质、高产的商品兔，提高水平生产率。商品兔场是繁殖体系中规模最大的一级生产组织。

第六讲

家兔的疾病防控技术

本讲的知识要点：

- √ 家兔疾病的临床诊断方法
- √ 家兔的给药方法
- √ 家兔常用药的特点及使用
- √ 家兔常见传染病的诊断与防治
- √ 家兔常见普通病的防治

一、家兔疫病的临床诊断

（一）病兔临床诊断的步骤

首先调查和了解发病的原因与经过，然后对病兔进行详细客观的检查，以便搜集到全面的症状、材料，从而得到感性认识。在此基础上，将所得到的症状、材料加以综合、分析、推理和判断，作出初步诊断。同时再结合兔群的饲养管理规程、饲料与饮水状况、检疫记录、兔舍环境卫生状况、病历记录及病史记录等资料进行综合分析，这样才能使最后做出的诊断准确、合理。

（二）病兔的临床诊断内容

1. 体格发育和营养状态的检查

（1）体格发育良好的家兔，其躯体各部匀称，肌肉结实；发育不良的家兔，则躯体矮小，结构不匀称，在幼兔阶段，呈发育迟缓或发育停滞。

（2）营养良好的家兔肌肉丰满，被毛光滑，骨骼棱角不突出；营养不良时表现消瘦，被毛粗乱无光泽，皮肤缺乏弹性，骨骼外露明显。一般健康的发育良好的家兔，在其肩部、背部或后躯看不出任何骨质突起，同时触摸这些区域的肌肉有坚实感。宽而深的胸、宽的背和腰是家兔发育良好和体质强壮的标志。家兔的胸愈宽愈深，其肺脏和心脏的发育就愈良好。窄胸的兔体质上一般较弱，容易患病。

2. 姿势的检查

家兔在静止时或运动过程中保持着相应的姿势。健康的家兔，姿势自然，动作灵活而协调。健康的家兔蹲伏时，前肢伸直并互相平行，后肢置于体下，起支撑体重的作用。走动时轻快敏捷。除采食外，大部分时间都在睡眠和休息。夏天常倒卧、伏卧和伸长四肢，冷天则蹲伏，全身成蜷缩状态。休息时处于完全醒觉，眼张开，呼吸动作明显。假眠时则眼半闭，呼吸动作较轻微，稍有动静，立即睁眼醒觉。完全睡眠时，呼吸微弱，双眼全闭。如出现异常姿势（反常的站立、伏卧和运动姿势），则反映出中枢神经系统机能障碍、外周神经损害，以及骨骼、肌肉、内脏器官和四肢疾患。

3. 精神状态的检查

家兔的精神状态是衡量中枢神经机能的标志，可根据其对外界刺激的反应能力及行为表现而做出判定。健康家兔对外界反应机警，有轻微的声音会立刻抬头，两耳竖立，转动耳壳，小心地判断外界的情况。对其给予轻微的动作，会立即逃开。当中枢神经机能发生障碍时，由于兴奋与抑制过程的平衡遭到破坏，在临诊上表现为过度兴奋或抑制。

4. 皮肤的检查

健康家兔的皮肤是结实致密而有弹性的。被毛浓密、柔软，富于弹性而有光泽。被毛粗糙蓬乱无光泽，说明患病或体质不良。耳色粉红是健康的标志。如果耳色过红、苍白或蓝紫色，则提示血液循环状态不良。耳壳内存在黄褐色的、灰色的积垢，则意味着中耳炎或螨虫感染。其次要注意检查皮肤的完整性，如鼻端、眼圈、耳背、颈后及其他部位有没有脱屑、结痂（螨病、毛癣的症状），短毛兔的后脚掌（或前脚掌）是否有红肿、溃疡。家兔的体表淋巴结不明显。

5. 眼和结膜的检查

健康家兔眼睛明亮，活泼有神，如果呈现昏暗呆滞，则为患病或衰老的象征。一般眼角干燥、无分泌物，如发生结膜炎，则结膜红肿，流出不同性状的分泌物；当血液循环障碍和血液成分发生改变时，则眼结膜呈现潮红、苍白、发绀、黄染等颜色。

6. 体温、脉搏及呼吸数的测定

体温、脉搏及呼吸数是动物生命活动的重要指标。健康家兔的体温为 $38.5 \sim 39.5 ℃$；健康成年兔的脉搏为 $80 \sim 100$ 次/分，幼兔为 $100 \sim 160$ 次/分；健康家兔的呼吸次数为 $38 \sim 65$ 次/分（平均约为 50 次），幼兔的呼吸次数 $65 \sim 85$ 次/分，仔兔可超过 100 次/分。通常这些指标小兔高于成兔，夏季高于冬季，下午高于上午。这些指标升高，多见于热性病及传染病，这些指标降低，是预后不良的表现。

7. 消化系统的检查

健康家兔食欲旺盛，吃得多而快，对正常的饲喂量一般在15～30 分钟吃完。食欲减退或废绝是许多疾病的共同症状，也是疾病最早的指征之一。首先要检查是否有流涎现象，粪便是否正常，是否有胃肠鼓气。成年兔的正常粪球，为如花生粒大小的圆粒，光滑匀整。如粪便干硬细小，或粪量减少，甚至停止排粪，是便秘的表现，多见于热性病或缺水。粪便呈长条形或呈堆，或稀薄甚至水样，则是肠道炎症的表现。粪球无光泽，表面粗糙是兔球虫感染的前期；粪球不规则，无光泽，颜色发深，是兔球虫的中度感染；粪便黑如烂泥、间或便秘，是兔球虫的重度感染。

8. 呼吸系统的检查

健康家兔鼻孔干燥，周围的毛是洁净的，呼吸动作自然均匀。如果鼻孔周围有泥土黏着，或流出鼻液，甚至打喷嚏、咳嗽，就提示传染性鼻炎、呼吸道感染；某些中毒病、急性传染病、肺炎，家兔表现呼吸困难，呼吸次数增多。

9. 泌尿生殖系统的检查

家兔每日排出的尿量较多，色泽淡黄透明，若尿量减少、黏稠、混浊、血尿或有沉淀，排除缺水原因外，多见于尿道、膀胱和肾脏的炎症。尿色加深，多见于热性病。

10. 乳房的检查

乳头的数目和乳房的发育状况，反映着母兔泌乳能力的大小，一般有8个发育正常的乳头，或超过8个。检查时要注意乳头是否完整，乳房是否有肿胀和炎性变化。

『专家提示』

（1）家兔的健康状况与其所处的环境有着必然的联系，因此，掌握兔群的饲养管理规程、检疫记录、病例记录等资料，对诊断兔病会有很大的帮助。

（2）了解兔场的地形、位置、土壤特点、饲料与水质状况，兔舍建筑结构域卫生条件，有助于查明病因及疾病的发展规律。

二、家兔的给药方法和常用药品

（一）家兔的给药方法

1. 口服给药

对于有食欲或饮欲的家兔，可将药量较少又没有特殊气味的药制成粉剂或水剂加入饲料或饮水中，让病兔自然口服。对于病情严重，没有食欲或者药物气味较大，可采用灌服法，灌药时，可把少量药液吸入注射器内，把注射器伸入口角，缓慢地推动注射器活塞注入药液，使病兔自行吞咽。为了防止吸入性肺炎，切勿注入太快。

2. 肌内注射法

通常选择在臀肌和大腿部肌肉的三角区内。经术部消毒后，用左手固定注射部位的皮肤，右手将针头刺入（稍微回抽，有阻力无回血），并慢慢注入药液。

3. 皮下注射法

选择组织疏松部位的皮下进行注射，通常选在两耳后与颈的背面所夹的三角区内。经剪毛消毒后，用左手拇指和食指将皮肤提起，右手持注射器，几乎与兔体保持水平把针头迅速刺入皮下，再将药液注射进去，拔出针头手感有囊状鼓起。

4. 耳静脉注射法

选择家兔两耳外缘的耳静脉为注射部位，剪毛消毒后，用左手把握兔耳，并压迫耳基部以扩张静脉，用右手持注射器，先与血管平行刺入皮肤，然后针头的斜面向上刺入静脉，回抽注射器，见有回血后，慢慢注射药液，注射时应注意，发现耳壳皮下隆起小泡，或感觉注射有阻力，说明没有注入血管内。注射完毕拔出针头，再以酒精棉球压迫局部，防止血液流出。

5. 直肠给药法

将家兔侧卧保定，用一条口径适中的橡皮管（如人用导尿管），在前端涂上润滑剂，缓慢插入肛门1～3厘米（依兔的大小掌握），再接上吸有药液的注射器，把药液注入直肠内。药液的温度要与体温接近，不要过热或过冷，以免引起较大的应激。

6. 腹腔注射法

将家兔的后躯抬高，在腹中线左侧（离腹中线3毫米处）脐部后方，向着脊柱方向刺入针头，约1厘米。最好是在家兔的胃和膀胱空虚时，进行腹腔注射比较适宜。此法一般在静脉注射困难又必须进行补液时采取。

7. 皮内注射法

皮内注射法是为了诊断和试验的需要。部位通常在腰部与胺部。术部剪毛并用脱毛剂除去剩余的被毛，然后涂擦消毒剂，使皮肤展平，用25号针头和结核菌素注射器小心刺入真皮。注射时手感有一定阻力，注射部位可形成一个黄豆大小的小包。

8. 外部敷涂法

通常用于兔体的体表外伤性感染的预防和治疗，以及体表皮肤的病原性感染的治疗，在清理创面后，用75%的酒精消毒，然后将药物敷涂，常用药物的膏剂、粉剂和贴剂，然后再进行适当包扎。

9. 局部给药法

(1) 滴鼻　通常用抗生素药水进行鼻炎的预防与治疗。药水呈点状缓慢滴入，防止兔吸入肺内。

(2) 点眼　通常用抗生素药水（眼药水或眼药膏）进行结膜炎的治疗。

(3) 药浴　通常用于长毛兔剪毛后，对体表寄生虫病和真菌病的预防。

（二）家兔的常用药品

1. 常用抗生素

(1) 青霉素钾（钠）针剂　为白色结晶粉末，易溶于水，但其水溶液很不稳定，应现用现配。对革兰阳性菌有效，如对兔葡萄球菌、李氏杆菌、兔螺旋体均有较好的作用，也多用于兔全身抗感染治疗，对革兰阴性菌和病毒无效，适用于革兰阳性菌引起的肺炎、脑膜炎、乳房炎、外伤、尿路感染，也用于其他抗生素如红霉素、林可霉素、多黏菌素、泰乐菌素、新生霉素等治疗不理想或产生耐药性时。肌注，每天 2 次，成年兔每次 20 万～40 万单位。

(2) 双氢链霉素针剂　为白色结晶粉末，易溶于水，其水溶液也不稳定，应现用现配，适用于革兰阴性菌感染，对革兰氏阳性菌和病毒无效，临床用于兔巴氏杆菌、兔大肠杆菌、兔结核杆菌、兔沙门杆菌引起的肺炎、肠炎、结核病、乳房炎、子宫炎。肌注，每天 1 次，成年兔每次 20 万～40 万单位。

(3) 阿莫西林（阿莫仙）片剂或胶囊　适用于由革兰阳性菌引起的呼吸道和尿路感染、钩端螺旋体感染；口服，每天 2 次，每次 1～2 片。

(4) 硫酸庆大霉素针剂或片剂　为广谱抗生素，对大多数革兰阴性菌如兔巴氏杆菌、兔大肠杆菌、兔铜绿假单胞菌、兔沙门杆菌引起的肺炎、肠炎、化脓性子宫内膜炎、外伤感染有较好的抗菌效果；对革兰阳性菌如葡萄球菌、链球菌有较强的抗菌作用，临床用青霉素治疗效果不好时，多用本品。本品对肾脏、肝脏的损伤较大，因此一定要注意用量。肌注、口服或静注，每天 2 次，成年兔每次 4 万～8 万单位。

（5）硫酸卡那霉素针剂或片剂　为广谱抗生素，适用于腹泻、子宫内膜炎、外伤感染、支原体感染；口服、肌注或静注，每天2次，每次25～50毫克（25～50单位）。本品与链霉素有交叉耐药性。

（6）白霉素针剂　为广谱抗生素，其水溶液性质稳定，对革兰阴性菌、支原体、霉形体有强大的抗菌作用，口服、肌注，每天2次，每次25～50毫克（25～50单位）。

（7）泰乐菌素　也称泰乐霉素，为畜禽专用抗生素，主要对革兰阳性菌、部分革兰阴性菌和螺旋体有抑制作用，对霉形体有特效。与红霉素有交叉耐药性。生产中该药品还可作为饲料添加剂，有促进畜禽生长和提高饲料利用率的作用。

『专家提示』

（1）青霉素宜与链霉素混合使用，但不宜与庆大霉素、卡那霉素、四环素、土霉素、维生素C混合使用。

（2）对青霉素和链霉素联合治疗效果不好的病例，不宜再用庆大霉素、卡那霉素、四环素治疗。

（3）青霉素钾用于小兔注射时有过敏性休克现象。

（4）庆大霉素、链霉素毒性较大，临床使用一定要注意剂量。

2. 磺胺类药物

磺胺类药物是一类化学合成的抗菌类药物，具有抗菌谱广、品种多、性质稳定和不易变质的特性。无直接杀菌作用，主要是抑制细菌的繁殖。因分子结构特点，吸收后容易分布到全身各组织，所以抑菌效果广谱，对大多数革兰阳性菌和部分革兰阴性菌敏感，对兔球虫有一定的抑制作用。磺胺类药物对兔螺旋体和结核杆菌无效。

（1）磺胺嘧啶片剂或针剂　适用于脑炎、肺炎，消化道炎症；口服或静注，每天1次，每次1克，首次用量加倍。

（2）复方新诺明（磺胺噁唑）片剂　适用于尿路感染、呼吸道感染、消化道感染、化脓性感染和兔球虫感染；口服，每天2次，每次1片，约0.5克，首次用量加倍。

（3）磺胺脒片剂 适用于肠炎、细菌性痢疾；口服，每天2次，每次1~2片（0.5~1.0克）。

（4）磺胺醋酰钠滴眼液 适用于细菌性结膜炎，每天3次，每次1~2滴。

3.喹诺酮类

此类药为广谱抗菌药，对大多数细菌具有高度抗菌活性，但对真菌、病毒及寄生虫无效。

（1）诺氟沙星（氟哌酸）片剂或针剂 具有抗菌谱广、作用强、毒性低、吸收和排泄快的优点，对大多数革兰阴性菌高度敏感，对大肠杆菌病有显著疗效。适用于肠炎、尿路感染、化脓性子宫内膜炎；口服或静注，每天2次，每次100毫克，混饲每1000千克加入本品50克，饮水量减半。

（2）环丙沙星片剂或针剂 适用于消化道、呼吸道及尿路感染；口服或静注，每天2次，每次100毫克/千克体重。混饲每1000千克加入本品50克，饮水量减半。

（3）恩诺沙星粉剂 适用于消化道、呼吸道感染及预防，饲料添加量20克/1000千克。饮水量减半。

『专家提示』

（1）细菌对磺胺药易产生耐药性，并对磺胺类药物之间可产生交叉耐药性，耐药期过后仍有敏感性，因此用药量要准确，首次用药加倍剂量，疗程一般为3~5天。

（2）磺胺类药能够治疗多种细菌感染，用于治疗消化道疾病，内服效果较好。

（3）磺胺类药碱性强、刺激性大，宜深层肌内注射，静脉注射药缓慢，且不宜与大多数抗生素药物、B族维生素、维生素C混合使用。

（4）磺胺类药毒性作用较大，因此在治疗肝肾疾病、中毒性疾病时不宜用。

（5）磺胺类药与抗菌增效剂配合使用，可显著提高磺胺类药物的疗效，一般采用三甲氧苄胺嘧啶和二甲氧苄胺嘧啶抗菌增效剂1份、磺胺5份配合应用。

4. 抗寄生虫类药物

选择家兔的抗寄生虫药物时，一定要考虑低毒、高效、广谱、剂量小、便于给药。在大群给药前，一定要做小群试验，以免发生大群中毒现象。根据药物的作用特点和寄生虫分类不同可分为抗蠕虫药、抗原虫药和杀虫药。

（1）驱蛔灵片剂　本品毒性小，驱虫范围小，适用于驱肠道线虫；口服，每天2次，每次1克，或每千克体重0.2克。

（2）左旋咪唑片剂　本品具有用量小、疗效高、毒性低、副作用小、驱虫范围广的特点，适用于驱肠道线虫；口服，每天1次，每次25毫克/千克体重。

（3）阿维菌素（虫克星、灭虫丁、阿福丁）针剂　为高效、广谱抗寄生虫的抗生素。对皮肤螨虫、体内线虫具有强力、高效的杀灭作用，皮下注射，每千克体重0.05毫升，第一次用药后间隔7天第二次注射。另外，还有伊维菌素、多拉菌素（通灭）作用类同。母兔产前1周用本品，可有效减少仔兔感染寄生虫的机会。

（4）敌百虫　为有机磷广谱杀虫药，配成1%～3%溶液可对兔体局部涂擦，5%溶液可用于药浴，兔不宜内服。

（5）溴氢菊酯　对兔螨虫有很强的驱杀作用，用松节油（植物油替代效果不及）稀释1000倍涂擦于患部；速灭菊酯对兔螨虫有良好的杀灭作用，用水稀释2000倍涂擦患部。

（6）兔球虫驱虫药

① 地克珠利：饲料添加预防量20克/1000千克，治疗量加倍。与氯苯胍交替使用。

② 氯苯胍：饲料添加预防量50克/1000千克，治疗量加倍。

③ 盐霉素：主治兔的球虫病。每千克饲料中添加盐霉素25毫克，治疗量加倍。

④ 莫能菌素：对家兔球虫有良好的防治作用。每千克饲料中

添加 25 毫克，治疗量加倍。

⑤球痢灵：又叫硝苯酰胺，对多种球虫有效。每千克饲料中添加 125 毫克，治疗量加倍。

5. 抗真菌药

（1）灰黄霉素片剂　为抗真菌类抗生素，适用于皮肤真菌感染，常用于治疗家兔脱毛癣，口服，每天 2 次，每次 0.2～0.25 毫克/千克体重。

（2）制霉菌素片剂或膏剂　适用于真菌感染；口服，每天 2 次，每次 50 万单位/千克体重；外用局部涂擦治疗家兔脱毛癣。

（3）克霉唑片剂或膏剂　市售名称抗真菌 I 号，具有广谱抗真菌活性，口服，每天 2 次，对深部真菌感染有效；外用局部涂擦治疗家兔脱毛癣。

6. 抗病毒药、消化辅助药、维生素类及激素类药物

（1）利巴韦林（病毒唑）针剂或片剂　广谱抗病毒药，口服易吸收，适用于病毒性感冒、病毒性传染病的辅助治疗；肌注、静注或口服，每天 2 次，每次 100～200 毫克。可按说明书使用。

（2）吗啉胍（病毒灵）　广谱抗病毒药，口服易吸收，对多种病毒治疗有效。肌注、静注或口服，每天 2 次，每次 100～200 毫克。可按说明书使用。

（3）穿心莲针剂　适用于病毒性肠炎、细菌性拉痢；肌注或静注，每天 2 次，每次 0.1～0.25 克。

（4）药用炭片剂　适用于腹泻、消化不良、食物中毒；口服，每天 2 次，每次 2～4 克。

（5）垂体后叶素针剂　适用于催产、化脓性子宫内膜炎的辅助治疗；肌注，每次 2.5 万～5 万单位，为 1～2 毫升。

（6）催产素针剂　适用于家兔因子宫收缩无力引起的难产；肌注 1 次 1.25～2.5 单位。

（7）维生素 B_1 针剂或片剂　适用于消化不良、食欲不振、维生素 B_1 缺乏症；口服或肌注，每天 2 次，每次 5～10 毫克。

（8）维生素 B_2 针剂或片剂　适用于脂溢性皮炎、脚皮炎；口服或肌注，每天 2 次，每次 5～10 毫克。

（9）复合维生素 B 针剂或片剂　适用于消化不良、厌食；口服或肌注，每天 2 次，每次 25 毫克（1～2 毫升）。

（10）维生素 C 针剂或片剂　适用于各种感染性疾病的辅助治疗及中毒性疾病、各种应激性疾病；口服或肌注，每天 2 次，每次 20～25 毫克。

（11）维生素 E 针剂或片剂　适用于维生素 E 缺乏症、习惯性流产、皮肤角化；口服或肌注，每天 2 次，每次 10 毫克。

（12）维生素 K_3 针剂或片剂　适用于消化道出血、产后出血；口服或肌注，每天 1 次，每次 2～4 毫升。

（13）鱼肝油　内含维生素 A、维生素 D。可用于治疗因维生素 A、维生素 D 缺乏引起的发育不良、视觉障碍、佝偻病。每只兔每次口服 1 毫升。每千克饲料中添加 10 毫升。

（14）尼可刹米针剂　适用于心力衰竭；肌注，每天 2 次，每次 0.25 毫克（0.5～1 毫升）。

（15）肾上腺素针剂　适用于休克、心衰；肌注或皮下注射，每次 0.3～0.5 毫升。

（16）安痛定针剂　适用于各种炎症或疼痛；肌注，每天 2 次，每次 1～2 毫升。

（17）地塞米松针剂　适用于各种炎症、过敏、高热、结膜炎的辅助治疗；肌注或静注，每天 1 次，每次 1～2 毫克。

（18）乳酶生片剂　适用于消化不良；口服，每天 2 次，每次 2 片（1.5～2 克）。

（19）胃蛋白酶　用于消化不良、食欲减退；每天 2 次，每次 0.5～1 克。

（20）呋喃类药　是一类人工合成的药物。最常用的是呋喃唑酮（痢特灵），用于兔大肠杆菌、伤寒杆菌病的防治，每千克体重 10～20 毫克口服。

（21）喹乙醇　人工合成药。小剂量可促进生长。对大肠杆菌、巴氏杆菌、铜绿假单胞菌有防治作用。每千克体重 25 毫克口服，用 3 天停药。

（22）止血敏针剂或片剂　适用于胃肠道出血、泌尿道出血、外伤出血；口服或肌注，每天 2 次，每只每次 0.5～1 克。

（23）酵母片　内含 B 族维生素，可治疗因 B 族维生素缺乏引起的消化不良和神经症状。每只兔每次 1～2 克。

（24）人工盐　助消化，可治消化不良。每只兔每次 1～2 克口服。

（25）大黄苏打片　用于治疗消化不良。每只兔内服 1～2 克。

（26）石蜡油　用于治疗便秘、腹胀。每只兔内服 10～15 毫升。

（27）葡萄糖生理盐水　药物稀释液，用于肌注、静脉注射及机体大量补液。

『知识链接』

（1）细菌的耐药性　又称抗药性，系指细菌对抗菌药物作用的耐受性。耐药性一旦产生，药物的化疗作用就明显下降。耐药性根据其发生原因可分为获得耐药性和天然耐药性。为了保持抗生素的有效性，应重视其合理使用。

（2）交叉耐药性　系指细菌对某种抗菌药物作用产生了耐受性，对该种药的同类药物也产生耐受性。

（3）药物的配伍禁忌　是指两种以上药物混合使用或药物制成制剂时，发生体外的相互作用，出现使药物中和、水解、破坏失效等理化反应，这时可能发生混浊、沉淀。

三、家兔常见疾病及防治

（一）传染病

1. 兔瘟病毒性出血症（兔瘟）

本病是由兔瘟病毒引起的一种急性、热性、败血性、具有高度传染性的疾病。发病迅速，发病率和死亡率均很高。

（1）流行特点　本病只发生于兔，一年四季均可发生，除哺乳期仔兔不易感，其他兔都属于易感对象，毛用兔最易感。病兔、死兔和隐性感染兔为主要传染源。本病可通过病兔与健康兔的接触而传播，病兔的排泄物、分泌物等污染饲料、饮水、用具、兔毛以及往来人员，也可间接传播本病。本病的发生没有严格的季节性，北方以冬、春季节多发。本病一旦发生，往往迅速流行，常给兔场带来毁灭性后果。

（2）临床症状　本病的潜伏期为2～3天。根据病程可分为3种病型。

① 最急性型：多见于流行初期或非疫区。病兔无任何先兆或仅表现短暂的兴奋即突然倒地、抽搐、鸣叫而死，死后角弓反张，有的鼻孔出血，肛门附近带有胶冻样分泌物。

② 急性型：在整个流行期占多数。病程一般为12～48小时，病兔精神沉郁，体温升高到41℃以上，食欲明显减退或废绝，被毛粗乱，呼吸迫促，临死前体温下降，软瘫，四肢不断划动，抽搐、尖叫。部分病兔鼻孔流出带泡沫的液体，肛门附近带有胶冻样分泌物，死后角弓反张。

③ 慢性型：多见于流行后期或疫区，病程较长。病兔精神沉郁，食欲减退或废绝，消瘦，被毛无光泽，30%的病兔可以耐过。

（3）病理变化　本病的特征性病理变化为实质器官出血、瘀血、水肿、变性和坏死。鼻腔、喉头和气管黏膜高度充血及点状出血，鼻腔和气管内充满血样泡沫和液体。肺脏水肿，有明显的大小不等的出血点，切面呈紫色。肝脏肿大，呈土黄色或褐色，间质变宽，质地变脆，有出血点。肾脏明显肿大、瘀血，呈红褐色，切面有出血点。脾脏肿大瘀血，呈暗紫色。心脏显著扩张，内积血凝块，心壁变薄。胃黏膜脱落，小肠黏膜有小出血点。肠黏膜淋巴结、圆小囊和胸腺多数充血、出血，脑膜和脑内出血。胰脏有出血点。膀胱积尿。

（4）诊断方法　用人的O型红细胞作血凝（HA）试验：取兔的肝脏病料，挤压切面，用滴管吸取其组织液，在试管中用生理盐水做2倍稀释，加入等量的1%的O型红细胞混悬液。摇匀静置于室温5～10分钟，若试管有环状凝集，则判断为阳性。

（5）预防　加强饲养管理，坚持做好卫生防疫工作，加强检疫与隔离；深埋病死兔，对兔笼、用具等进行彻底消毒，用兔病毒性出血症组织灭活苗，对家兔按防疫程序接种，免疫期可达6个月。

（6）治疗　本病无良好治疗方法，应用以下方法有一定作用。

发病后划定疫区，隔离病兔，病死兔一律深埋或销毁，兔舍、兔笼用具彻底消毒；疫区和受威胁区可用兔出血症灭活苗（兔温疫苗）进行紧急接种，大、小兔一律肌内注射 1 毫升。对发病初期的兔肌内注射兔瘟高免血清，成年兔每千克体重 3 毫升，60 日龄前的兔每千克体重 2 毫升，待病情稳定后，再配合兔瘟疫苗紧急接种。

兔瘟发生期，除紧急免疫外，可同时配合肌内注射，每只兔板蓝根注射液 2 毫升、维生素 C 注射液 2 毫升，每日 1 次，连用 2 天；板蓝根、大青叶、金银花、连翘、黄芪各等份混合后粉碎成细末拌入饲料，有明显治疗效果。

2. 兔巴氏杆菌病

本病是由多杀性巴氏杆菌引起的疾病，又称兔出血性败血症，是家兔一种常见的、危害性极大的传染病。其中有传染性鼻炎、地方流行性肺炎、中耳炎、结膜炎、子宫蓄脓、睾丸炎、脓肿以及全身败血症等形式，常引起家兔大批发病和死亡。

（1）病原　多杀性巴氏杆菌，为革兰染色阴性菌。

（2）流行特点　病原体广泛分布在养兔场内，经常可以从多数健康兔（带菌者）的鼻腔黏膜和病兔的血液、内脏器官以及兔尸体中分离出来。在某些应激因素的刺激下，如气候突变，长途运输，兔舍通风不良、阴暗潮湿，兔群营养不良等，细菌便乘机繁殖，从而诱发本病，造成群体感染。易感兔因败血症和肺炎而死亡，耐过兔则发展成为传染性鼻炎、中耳炎、结膜炎、子宫积脓等类型。病原体通过直接接触和空气而传播。

（3）临床症状和病理变化　根据病菌的毒力、数量、兔体的抵抗力以及侵入部位等的不同，本病的潜伏期也不同，一般为 7～15 天。本病有以下几种临床类型。

① 传染性鼻炎型：是该病的慢性症状，患兔鼻孔流出浆液性或黏液脓性分泌物。发病的初期主要表现为上呼吸道卡他性炎症（黏膜炎症），流出浆液性液体，而后转为黏液性及脓性鼻液。病兔经常打喷嚏、咳嗽。由于分泌物刺激鼻黏膜，常用前爪擦鼻部，使局部被毛潮湿、缠结、甚至脱落。同时，病原菌通过喷嚏、咳嗽污染整个环境，又可诱发兔群易感兔的感染。

② 肺炎型：是该病的亚急性症状，呈现急性纤维素性化脓性

肺炎和急性纤维素性胸膜炎，病程数日，并常导致败血症的结局。

③ 急性型：亦称出血性败血症。病兔精神委靡，废食，呼吸急促，体温 40℃ 以上，鼻腔有浆液性、黏性分泌物，有时出现腹泻。临死前体温下降，四肢抽搐，病程短者 24 小时内死亡，较长者 1～3 天后死亡。流行开始也有不表现任何异常者，而突然死亡。剖检病兔，主要表现为全身性黏膜出血、充血和坏死。鼻黏膜充血，有黏液性、脓性分泌物；喉头黏膜充血、出血，气管黏膜充血、出血，伴有多量红色泡沫；肺严重充血、出血，高度水肿，心内、外膜有出血斑点；肝脏有许多小坏死点；脾、淋巴结肿大、出血，肠黏膜充血、出血，胸腔有淡黄色积液。

（4）诊断　根据临床症状和病理剖检可做出初步诊断，结合细菌学检查即可确诊。

（5）防治　选择无多杀性巴氏杆菌的种兔群，自繁自养，如引入兔子时，必须隔离观察 1 个月，健康者方可混群饲养。定期进行疫苗注射防疫，同时加强环境卫生和消毒措施。治疗措施：对患病兔可选择庆大霉素、卡那霉素、磺胺二甲氧嘧啶、环丙沙星、恩诺沙星肌内注射，同时对鼻炎、结膜炎、皮下脓肿用碘伏消毒炎症表面后，分别用消炎药水滴鼻、点眼、外敷。每日 2 次，5 天为 1 个疗程。

3. 兔葡萄球菌病

（1）病原　金黄色葡萄球菌，为革兰染色阳性菌。

（2）流行特点　该病是一种常见的、多发的兔病。其特征是在兔体许多器官中形成化脓性炎症病灶或全身败血症。该菌在自然界中分布很广，如在空气、水、尘土和各种物体表面会大量存在。在正常情况下，本菌一般不会致病。但当皮肤、黏膜有损伤时，即可乘机侵入机体，家兔是对金黄色葡萄球菌最敏感的一种动物。通过各种不同途径都可能发生感染，尤其是皮肤、黏膜的损伤，哺乳母兔的乳头是葡萄球菌进入机体的重要门户，该病无季节性，各种年龄的兔均可感染。

（3）症状及病变　根据病菌侵入机体的部位和继续扩散的情况不同，可表现多种临床类型。

① 转移性脓毒血症：在头、颈、背、腿等部位的皮下或肌肉、

内脏器官形成一个或几个脓肿。一般脓肿常被结缔组织包围形成囊状，手摸时感到柔软而有弹性。脓肿大小不一，一般为豌豆至鸡蛋大。患有皮下脓肿的病兔，一般精神和食欲不受影响。当内脏器官形成脓肿时，患部器官的生理机能受到明显影响。当脓肿向内破溃时，通过血液和淋巴液导致全身性感染，呈现脓毒血症，导致病兔死亡。

② 仔兔脓毒败血症：仔兔出生后 2～6 天，在多处皮肤，尤其是腹部、胸部、颈、颌下和腿部内侧皮肤引起炎症。这些部位的表皮出现粟粒状大小的白色脓疱。多数病例于 2～5 天内以败血症的形式死亡。较大的仔兔患病，可在上述部位皮肤上出现黄豆至蚕豆大白色脓疱，病程较长，最后消瘦死亡。幸存的患兔，脓疱慢慢变干，逐渐消失而痊愈。患部的皮肤和皮下出现小脓疱为本病最明显的病理变化。脓汁呈乳白色乳油状物。在多数病例的肺脏和心脏上有许多白色小脓疱。

③ 脚皮炎：金黄色葡萄球菌感染兔脚掌心的表皮，开始出现充血、发红、肿胀和脱毛，继而出现脓肿，以后形成大小不一、经久不愈的出血溃疡面。病兔不愿移动，同时食欲减退、消瘦。有些病例发生全身性感染，呈败血症症状，很快死亡。

④ 乳房炎：哺乳母兔由于乳头或乳房的皮肤受到污染或损伤，金黄色葡萄球菌侵入后引起炎症。哺乳母兔患病后，体温升高。急性乳房炎时，乳房呈紫红色或蓝紫色。慢性乳房炎初期，乳头和乳房局部发硬，逐渐增大。随着病程的发展，在乳房表面或深层形成脓肿。

⑤ 仔兔黄尿病（又称仔兔急性肠炎）：仔兔吃了患乳房炎母兔的乳汁而引起的一种急性肠炎。一般全窝发生，病仔兔的肛门四周被毛和后肢被毛潮湿、腥臭，患兔昏睡，全身发软，病程 2～3 天，死亡率较高。肠黏膜充血、出血，肠腔充满黏液。膀胱极度扩张并充满尿液。

⑥ 鼻炎：细菌感染鼻腔黏膜而引起的一种较慢性的炎症，患兔鼻腔流出大量的浆液脓性分泌物，在鼻孔周围干结成痂，常发生呼吸困难，打喷嚏。患兔常用前爪摩擦鼻部，使鼻部周围被毛脱落，前肢掌部也脱毛擦伤，常导致脚炎的发生。患鼻炎的家兔易引

起肺脓肿、肺炎和胸膜炎。

（4）诊断　根据本病的各种病型都有一定的特征性症状和病理变化，可以作出初步诊断。必须根据镜检、病原分离以及鉴定进行确诊。

（5）防治　兔笼、运动场要保持清洁卫生，清除一切锋利物品。笼内不能太挤，将性情暴躁好斗的兔分开饲养。产箱要用柔软、光滑、干燥而清洁的绒毛或兔毛铺垫；怀孕母兔产仔前后，可根据情况适当减少优质精料和多汁饲料，以防产仔后几天内乳汁过多过浓；断乳前减少母兔的多汁饲料，可减少乳房炎发生。

对于仔兔黄尿病，首先应防止哺乳母兔发生乳房炎。对已患病的泌乳兔可用青霉素或庆大霉素肌内注射和口服磺胺噻唑或长效磺胺；对于仔兔脓毒败血症，在体表脓肿处每天用5%龙胆紫酒精溶液涂擦，全身治疗可肌注青霉素、庆大霉素，皮下脓肿、脚皮炎，用外科手术排脓和清除坏死组织，患部用3%结晶紫、石炭酸溶液或5%龙胆紫酒精溶液涂擦，应用青霉素局部治疗。

『知识链接』

（1）家兔传染病　凡由特异性病原体（如兔瘟病毒、兔巴氏杆菌）引起的具有一定的潜伏期和临床症状，能够传染给健康兔群，产生相同临床症状的疾病称家兔传染病。无病原体感染的疾病称普通病。

（2）传染　病原体在某些因素的作用下侵入兔体内，在一定的部位定居、生长繁殖引起兔体产生一系列病理反应的过程称传染。

（3）传播　病原体从受感染的兔体内排出，经一定的途径传入另一个易感兔体发病。可分为水平传播和垂直传播。

（4）家兔传染病的防治措施　预防为主、防治结合、防重于治。

4. 兔大肠杆菌病

兔大肠杆菌病是由致病性大肠杆菌及其毒素引起的一种暴发

性、死亡率很高的仔兔肠道疾病。以水样或胶冻样粪便和严重脱水为特征，又称黏液性肠炎。

（1）病原　病原为兔大肠杆菌，为革兰染色阴性菌。

（2）流行特点　本病多引起断奶后仔兔重度腹泻，成年兔腹泻或便秘，一年四季均可发生。当饲养管理不当或天气剧变时，兔体抵抗力下降，大肠杆菌数量会急剧增加，从而导致本病发生。该病常与沙门菌病、魏氏梭菌病和球虫病等合并感染，导致肠道菌群紊乱，而引起腹泻，甚至死亡。断奶前后的仔兔发病率、死亡率都较高。

（3）临床症状　本病潜伏期4～6天。最急性病兔无任何症状即突然死亡。急性者1～2天内死亡，慢性者经7～8天，由于下痢、消瘦衰竭而死亡。病兔体温不高，精神沉郁，食欲不振，腹部由于充满气体和液体而膨胀，剧烈腹泻，肛门、后肢、腹部及足部的被毛被黏液及黄色水样稀便玷污，常带有大量胶冻状黏液和一些两头尖的粪便。病兔四肢发冷，磨牙，流涎，眼眶下陷，迅速消瘦，脱水死亡。

（4）病理变化　主要在消化道。胃膨大，充满大量液体和气体，胃黏膜上有出血，十二指肠充满气体和染有胆汁的黏液。回肠、空肠和结肠充满半透明胶冻样黏液，将粪便包埋其中，并伴有气泡。肠道黏膜充血，出血，水肿。胆囊扩张，黏膜水肿。肝脏、心脏局部有点状坏死灶。

（5）防治措施　预防本病，可用大肠杆菌多价灭活疫苗进行免疫注射。治疗本病很多药物有效，但大肠杆菌易产生耐药菌株，最好先从病死兔分离细菌做药敏试验，选出特效药物进行治疗。可用抗生素、磺胺类药物配合止血敏（或维生素K）和维生素C治疗。要实行对症疗法，静脉滴注葡萄糖生理盐水，或口服补液盐及收敛药物，防止脱水，保护肠黏膜，促进治愈。另外，加强饲养管理，搞好兔舍卫生，定期消毒，减少应激因素，特别在断奶前后饲料品种、品质要稳定。可在断奶前后用药物预防本病发生。

5. 魏氏杆菌病

（1）病原　为A型魏氏梭菌，革兰染色阳性菌。该病是由A型魏氏梭菌产生的外毒素引起的一种急性肠道传染病。其特征为泻下大量的水样或血样粪便，脱水死亡。

（2）流行特点　各种年龄的家兔均易感，但以 1～3 月龄的幼兔发病率最高，一年四季均可发生。饲料营养水平的骤变、饲料原料含有某些毒素、饲料霉变、饲养管理不良及各种应激因素均可诱发本病的暴发。

（3）临床症状　突然发病，急性下痢、水泻，泻下物污褐色、有特殊臭味，体温不高。外观腹部膨胀，手提患兔，粪水可从肛门流出。病兔在下痢后 1～2 天死亡，少数拖延至 7 天或更长。

（4）病理变化　主要表现为胃肠溃疡，胃黏膜脱落，小肠鼓气，小肠黏膜脱落，肠壁变薄而透明，大肠黏膜出血、水肿；肝脏质地变脆，脾脏呈深褐色，膀胱积液；尸体外观不见明显消瘦。

（5）防治　加强饲养管理，搞好环境卫生，以增强兔群的抗病能力。定期预防接种 A 型魏氏梭菌灭活苗，可有效预防本病的发生。治疗本病：在饲料中加入金霉素，剂量 20 克/吨；口服土霉素，每次 0.01～0.05 克，每日 2 次，连用 3 天；口服喹乙醇，每千克体重 5 毫克，每日 2 次，连用 4 天；肌内注射卡那霉素，每千克体重 20 毫克，每日 2 次，连用 3 天；肌注链霉素，每千克体重 10 万单位；在应用抗生素的同时，还可在饲料中添加活性炭、维生素 B_{12} 等辅助药物，饮水中加入 0.01% 高锰酸钾。

6. 兔沙门杆菌病（副伤寒）

兔沙门杆菌病（副伤寒）是主要由鼠伤寒沙门菌和肠炎沙门菌引起的一种以败血症和急性死亡、并伴有下痢和流产为特征的疾病。以幼兔和怀孕母兔的发病率和死亡率最高。

（1）病原　病原为鼠伤寒沙门杆菌和肠炎沙门杆菌，为革兰染色阴性菌。

（2）流行病学　沙门杆菌为动物肠道寄生菌，带菌者和患病动物的粪便中可排出病原菌。本病的自然感染途径以消化道为主，但幼畜也有在子宫内被感染的。本病常年发生，各个年龄段的兔均易感染，发病率和死亡率均高，尤其是幼兔和妊娠母兔发病率和死亡率最高，此外，带菌者随着内外条件的改变，或呈隐形感染。当管理不善、条件不良及患其他疾病，都能促使本病发生和传播。

（3）症状　除个别病例因败血症死亡外，一般表现为下痢，粪便呈糊状带泡沫，体温升高到 41℃，无食欲，伏卧不起，病程1周左右，妊娠后期的母兔容易发生流产，阴道排出物为脓性黏液，常于流产后死亡，如果在流产后复原，母兔将不能再妊娠产仔。

（4）病理变化　急性病例表现败血症有关病变，多见许多器官的充血，以及腹腔、胸腔器官的表面与其他浆膜面瘀血和出血。在胸、腹腔中有浆液以至浆液血样的液体，肝内针尖大坏死灶，脾肿大而充血，肠系膜淋巴结增大和水肿。妊娠母兔或已流产的母兔呈现化脓性子宫炎。

（5）诊断　一般用病变的肝脏、脾脏、肠系膜淋巴结为被检材料进行细菌学检查。

（6）防治　改进经常性的环境卫生工作，增强家兔的抗病能力。必须注意灭鼠，清除潜在的传播媒介，防止对饲料、饮水、垫草的污染。在发病率高的地区，定期粪便送检与血清学试验，查出带菌者随时处理。隔离病兔，进行治疗。

对断奶兔注射单价或多价鼠伤寒沙门杆菌灭活苗，皮下或肌内注射，注射后 7 天产生免疫力，每年应进行两次预防接种。

多数抗菌药对本病有一定的疗效，考虑到抗药菌的出现，以及临诊治愈后有变成带菌者的可能性，有条件时应对分离的菌株作药敏试验，从而选用最有效的药物。

7. 李氏杆菌病

李氏杆菌病是由李氏杆菌引起的各种家畜、家禽、家兔及人共患的传染病，呈散发性和地方流行性。以脑膜炎、坏死性肝炎、心内膜炎、神经症状以及败血病经过为特征。

（1）病原　为李氏杆菌，革兰染色阳性菌。

（2）流行特点　兔及其他各种畜禽和野生动物都可自然感染本病。病畜和带菌动物的分泌物及排泄物污染的饲料、用具、水源和土壤，经消化道、呼吸道、眼结膜、损伤的皮肤及交配而感染。啮齿动物是本菌在自然界中的贮存宿主，吸血昆虫也可成为传播媒介。多为散发，有时呈地方性流行，发病率低，死亡率高。幼兔和妊娠母兔易感性高。

（3）症状　潜伏期为 2～8 天。病兔表现分为急性、亚急性和慢性 3 种类型。

① 急性型：多发于幼兔，病兔体温可达40℃以上，精神沉郁，不食、鼻腔黏膜发炎、流出浆液性或黏液性分泌物。病兔几小时或1～2天死亡。

② 亚急性型：主要表现中枢神经机能障碍，作转圈运动，头颈偏向一侧，运动失调。怀孕母兔流产或胎儿干尸化。病兔一般经4～7天死亡。

③ 慢性型：病兔主要表现为子宫炎、发生流产并从阴道内流出红色或棕色的分泌物，出现中枢神经机能障碍等症状。

（4）病理变化　急性或亚急性死亡的病兔，肝脏上有针头大的淡黄色或灰白色的坏死点；心肌、肾、脾也有相似变化；淋巴结肿大或水肿；胸、腹腔或心包内有多量清亮的液体；皮下水肿；肺出血或水肿。慢性病例除上述病变外，子宫内积有化脓性渗出物或暗红色液体。妊娠兔子宫内有胎儿腐败。子宫壁增厚有坏死病灶。有神经症状的病例，脑膜和脑组织充血或水肿。

（5）诊断　根据流行病学、临床症状及病理解剖变化，并结合细菌学检查可以确诊。

（6）防治　对李氏杆菌病，目前尚无有效治疗方法。主要是加强防疫，加强兔舍的灭鼠工作，防止各种动物混养。对于发病兔及时淘汰。

8. 兔密螺旋体病

兔密螺旋体病又称兔梅毒，是由兔密螺旋体引起的成年家兔的一种慢性传染病。其特征为外生殖器官、面部及肛门等部位的皮肤和黏膜发生炎症、结节和溃疡，以及局部淋巴结发炎。

（1）病原　兔密螺旋体为细长螺旋形的微生物；革兰染色阴性。

（2）流行病学　兔密螺旋体通过生殖器或外生殖器的接触而传播。交配传播是最常见的方式。传染源是病兔，被污染的垫草、用具、饲料等都是传染媒介，对人和其他家畜无致病性。

（3）症状和病理变化　潜伏期5～30天，有时可长达3个月。病初可见外生殖器和肛门周围发红、水肿，形成粟粒大的小结节，以后肿胀部的表面渐渐有渗出物而变为湿润、结痂，痂下创面湿润，上皮溃疡。病程能拖延几个月，甚至更长，以后则恢复。患病母兔失去繁殖能力。

（4）防治 经常检查种兔的外生殖器，配种时确认生殖器官无病变才可配种，发现病兔，应隔离治疗或淘汰，并对兔舍、兔笼具进行彻底消毒，患兔治疗可用新肿凡纳明，每千克体重 60 毫克，用生理盐水配成 5％ 的溶液静脉注射（隔周重复一次），同时配合肌内注射林可霉素或青霉素，每日 1 次，1 周为 1 个疗程。

9. 传染性口腔炎

本病是一种以口腔黏膜水疱性的炎症为特征的急性传染病，因本病伴发大量流涎因而又称"流涎病"。

（1）病原 为水疱性口腔炎病毒。

（2）流行特点 主要侵害 3 月龄以下的幼兔，尤其是 1～2 月龄最为常见，成年兔很少发生，多发于春秋季。病兔是主要传染源，高温酷暑、经常性的缺水、喂霉变草料、质地坚硬的饲料、口腔组织受损等均为本病的诱因。

（3）症状 本病的潜伏期数小时到 3～4 天，发病初期兔唇和口腔黏膜潮红、充血，继而出现粟粒大到黄豆大不等的水疱，水疱破溃后形成溃疡，易引起继发感染，伴有恶臭，口腔中流出的多量液体污染唇下、颌下、颈部和胸部，使这些部位的兔毛潮湿结块，继而脱落。病兔食欲减退或废绝，并伴有消化不良和水样腹泻，体温升高，精神沉郁，常于病后 2～7 天死亡，死亡率高达 50％以上。

（4）防治 本病目前没有特异的疗法。发病时及时隔离病兔，彻底消毒，防治蔓延；给病兔更换柔软易消化的饲料；用 0.1％高锰酸钾溶液、2％明矾溶液、2％硼酸溶液清洗口腔及污染部位，同时内服病毒灵和磺胺二甲基嘧啶，每日 2 次，连用 3 天。

10. 皮肤霉菌病

家兔传染性皮肤霉菌病是一种真菌性传染病，主要侵害皮肤，传染性强，病变部位开始于仔幼兔口、鼻、眼周围，继而传播到肢端、腹部和其他部位。对卫生条件差、通风不良、光照不足以及高温、高湿的兔舍更易暴发，严重影响家兔的生长发育及生产性能，兔场一旦感染，难以彻底根除，会给养兔场（户）带来重大的经济损失。

（1）流行特点　本病一年四季均可发生，尤其以夏、秋季易发。可通过与病兔相互接触传染，也可由人员和各种用具等间接传播。

（2）临床症状　霉菌主要在皮肤角质层，一般不侵入真皮层，但其代谢产物具有毒性，可引起真皮充血、水肿，发生炎症。种兔往往隐性感染，不表现临床症状，难以辨别。而产后仔幼兔由于吮乳与母兔腹部接触，感染通常始于口唇、鼻、眼周围或其附近，病变表现为不规则块状或圆形，兔毛脱落或断毛，皮肤表面呈痂皮样外观，毛囊和毛囊周围炎症，或表现圆形突起，带灰色或黄色痂皮，痂皮脱落可呈现溃疡，用力可挤出脓汁。严重的母兔乳房周围出现小红点，继而扩大，变硬，破溃后可挤出脓汁。如果兔场通风干燥，环境条件好，采取一定防治措施，感染不严重的仔幼兔随着日龄增加，抗病力增强，逐步转为外观正常但隐性感染带菌的兔。

（3）临床诊断　该病确诊可通过实验室进行病变皮肤刮屑显微镜检验，或采集刮屑在霉菌培养基上培养来确诊。

（4）防治　本病人与兔共患，尤其易感儿童，所以应严格采取防护措施。由于环境中、兔体带有大量的病原菌，单靠药物治疗很难根治，必须采取综合防治措施，才能收到理想的防治效果。环境中大量病原体的存在，是兔场永远的潜在威胁，所以必须对兔舍、笼具、产仔箱、用具、工作服及周围环境严格彻底消毒，消毒可用2%烧碱、再用过氧乙酸消毒剂重复一次。对兔舍地面和大面积的场地可用10%～20%的生石灰水多次消毒。对本场内所有的兔用次氯酸钠消毒液进行药浴，同时，全场饲料投放0.1%灰黄霉素15天。

配合加强饲养管理，搞好笼舍环境卫生，保持兔舍通风干燥，最大可能地降低饲养密度。

11. 支气管败血波氏杆菌病

支气管败血波氏杆菌病是由支气管败血波氏杆菌引起的一种家兔常见的传染病，其特征是慢性鼻炎、咽炎和支气管肺炎，成年兔发病较少，幼兔发病死亡率较高。

（1）病原　为支气管败血波氏杆菌，革兰染色阴性。

（2）流行特点　本病多发生于气候多变的春秋两季。主要通过呼吸道感染。当机体受到各种因素，如气候骤变、感冒、寄生虫病等的影响而降低机体抵抗力，或其他诱因，如兔舍内有害气体浓度过高、灰尘浓度过高的影响，致使上呼吸道黏膜的保护屏障受到被坏，易于引起发病。鼻炎型经常呈地方性流行，而支气管肺炎型多呈散发性。成年家兔多发生散发性、慢性支气管肺炎型，仔兔和青年兔则呈急性支气管败血型。本病较为常见，并经常和巴氏杆菌病并发。

（3）临床症状

① 鼻炎：较为常见，呈地方性流行，常与巴氏杆菌病并发，多数病例鼻腔流出少量浆液性或黏液性的分泌物，通常不变为脓性。当消除其他诱因之后，在很短的时间内便可恢复正常。

② 支气管肺炎：其特征是鼻炎长期不愈，鼻腔流出黏液或脓性分泌物，呼吸加快，食欲不振，逐渐消瘦，病程较长，小兔多转为败血症而死亡，死亡率较高。

（4）病理变化　病兔的鼻腔有浆液性、黏液性或黏液脓性分泌物。严重时出现小叶性肺炎或支气管肺炎，肺表面光滑、水肿，有暗红色突变区，切开后有少量液体流出。有的肺区有大小不一的脓灶，多者可占肺体积的90%以上，脓灶内积满黏稠、乳白色脓汁，肺实质纤维化程度高。

（5）诊断　根据临床症状、病理剖检及细菌学检查即可确诊。

（6）防治　支气管败血波氏杆菌与巴氏杆菌一样可在成年兔的呼吸道内繁殖，因此，必须检出带菌者捕杀或淘汰，以建立无支气管败血波氏杆菌的兔群。注意加强饲养管理，改善饲养环境，做好防疫工作。对发病的家兔进行药物治疗，首先将分离到的支气管败血波氏杆菌做药物敏感试验，选择有效的药物治疗。用磺胺类药物、庆大霉素进行治疗效果较好。用分离到的支气管败血波氏杆菌制成氢氧化铝甲醛菌苗，进行预防注射，每年免疫2次，可以控制本病的发生。

12. 兔肺炎球菌和链球菌病

本病由肺炎球菌和溶血性链球菌引起两种呼吸道传染病，两者临床症状、病理变化及防治方面相似，临床上很难区别。

（1）病原　病原肺炎球菌（也称肺炎链球菌）和溶血性链球菌都属于链球菌，革兰染色阳性。

（2）流行特点　病原菌主要寄生在家兔的上呼吸道，故当环境突变，如突然降温、兔舍内有害气体超标、长途运输或其他呼吸道疾病均可诱发本病。

（3）症状　本病潜伏期 3～4 天，病兔精神沉郁，厌食，呼吸困难，体温升高到 41℃左右，咳嗽，流涕，结膜发绀，并伴有间隙性下痢，如治疗不及时，常于病后 2～7 天死亡，死亡率高达50%以上。

（4）防治　发病时及时隔离病兔，彻底消毒，防治蔓延；给病兔更换柔软易消化的饲料；用青霉素和硫酸卡那霉素联合治疗效果很好，青霉素 5 万单位/千克体重、硫酸卡那霉素 4 万单位/千克体重，每日 2 次，连续 3 天。可同时内服病磺胺二甲基嘧啶，每日 2 次，连用 3 天。

『知识链接』

鉴别诊断：毛皮癣、兔疥癣、兔营养性脱毛

（1）毛皮癣　由口、鼻、眼周围感染，继而传播到腹部和其他部位，毛纤维脱落或断毛，皮肤表面呈痂皮样外观，毛囊和毛囊周围炎症，或表现圆形突起，带灰色或黄色痂皮，痂皮脱落可呈现溃疡，用力可挤出脓汁。小兔和营养不良的兔多见。

（2）兔疥癣　由疥螨引起，主要寄生于头部和脚掌部短毛处、外耳道，脱毛奇痒，皮肤发生炎症，结痂下新生肉芽组织，挤压易出血，皮肤深处刮屑可检出螨虫。

（3）营养性脱毛　是由于日粮中蛋白质、钙和维生素缺乏，光照不足和潮湿等引起，一般呈散发。症状是皮肤无异常，断毛整齐，根部有毛茬。

（二）寄生虫病

1. 球虫病

球虫病是家兔最常见的一种寄生虫病，它对养兔业的危害极大。1～3月龄内的幼兔极易感染，其感染率可高达100%。患病后幼兔的死亡率也很高，一般可达70%以上。耐过的病兔长期不能康复，拉稀、便秘交替发生，生长发育受到严重影响。

（1）病原体　兔球虫是一种单细胞原虫，我国已发现家兔感染的球虫有8种，其中除兔艾美耳球虫寄生于肝胆管上皮细胞内之外，其余各种都寄生于肠黏膜上皮细胞内。

① 兔艾美耳球虫：寄生于肝脏胆管上皮细胞，是兔球虫中致病力最强的一种，它能引起严重的肝球虫病。卵囊较大，为长卵圆形，呈淡黄色。

② 中型艾美耳球虫：寄生于小肠，致病力很强。卵囊中等大，短椭圆形，淡黄色。

③ 穿孔艾美耳球虫：寄生于小肠，致病力较弱。卵囊小，呈椭圆形，无色。

④ 大型艾美耳球虫：寄生于小肠和大肠，致病力很强。卵囊较大，卵圆形，呈淡黄色。

⑤ 梨形艾美耳球虫：寄生于小肠和大肠，致病作用轻微。卵囊为梨形，呈淡黄色或淡褐色。

⑥ 无残艾美耳球虫：寄生于小肠，致病力较强。卵囊为长椭圆形或卵圆形，呈淡黄色。

⑦ 盲肠艾美耳球虫：寄生于小肠后部和盲肠，致病力不强。卵囊为卵圆形，呈淡黄色或淡褐色。

⑧ 肠艾美耳球虫：寄生于小肠，致病力强。卵囊为卵圆形，呈玫瑰色或橙色。

⑨ 小型艾美耳球虫：寄生于肠道，致病力较强。卵囊呈卵圆形或近似球形，卵囊壁光滑无色。

（2）流行特点　各品种的家兔对兔球虫都有易感性，断奶后至3月龄的幼兔感染最为严重，死亡率高；成年兔发病较轻微。本病的感染途径是饮食。营养不良、兔舍卫生条件差，特别是在多雨潮湿季节最易促成本病的发生和传播。成年兔多为带虫者，在幼兔球虫病的感染中起着重要的作用。

（3）病理变化　球虫对消化道及胆管上皮细胞的破坏、有毒物质的产生以及肠道细菌的综合作用是致病的主要因素；病兔的中枢神经系统不断受到刺激，使之对各个系统的调节机能发生障碍，从而表现出各种临床症状。胆管和肠上皮受到严重破坏时，正常的消化过程陷于紊乱，消化道慢性出血，造成机体营养缺乏。临床上表现为痉挛、虚脱、肠膨气和全身性贫血等。

（4）临床症状　按球虫的种类和寄生部位的不同，可将兔球虫病分为三型，即肠型、肝型和混合型，但临床上所见的则多为混合型。其典型症状是：食欲减退或废绝，精神沉郁，动作迟缓，伏卧不动，眼、鼻分泌物增多，唾液分泌增多，口腔周围的被毛潮湿，腹泻或腹泻和便秘交替出现。病兔尿频或常作排尿姿势，后肢和肛门周围为粪便所污染。病兔由于肠膨胀、膀胱积尿和肝肿大而呈现腹围增大，肝区触诊有痛感。病兔虚弱，结膜苍白，可视黏膜轻度黄染。在患病后期，幼兔往往出现神经症状、四肢痉挛、麻痹，多因极度衰弱而死亡。

（5）病理变化　肝球虫病时，肝表面和实质内有许多白色或淡黄色结节，呈圆形，如粟粒至豌豆大，沿小胆管分布。取结节做压片镜检，可看到不同发育阶段的虫体。陈旧病灶中有粉粒样的钙化物质。在慢性肝球虫病，肝细胞萎缩，肝脏体积缩小，胆囊黏膜有卡他性炎症，胆汁浓稠。

肠球虫病的病变主要在肠道，肠壁血管充血，十二指肠扩张、肥厚，黏膜发生卡他性炎症，小肠内充满气体和大量黏液，黏膜充血、出血。在慢性病例，肠黏膜呈淡灰色，上有许多小的白色球虫结节，压片镜检可见大量卵囊。

（6）临床诊断　根据流行病学资料、临床症状及病理剖检结果，可作出初步诊断，用饱和盐水漂浮法检查粪便中的卵囊，或将肠黏膜刮屑物及肝脏病灶刮屑物制成涂片，镜检若发现大量不同发育阶段的球虫，即可确诊为兔球虫病。

（7）防治　发生家兔球虫病，可用下列药物进行治疗。

①磺胺六甲氧嘧啶：按0.1%的浓度混入饲料中，连用3～5天。隔1周，再用1个疗程。

②磺胺二甲基嘧啶与三甲氧苄胺嘧啶：按5∶1混合后，以0.02%的浓度混入饲料中，连用3～5天。停1周后，再用1个疗程。

③ 氯苯胍：每千克体重 30 毫克，混入饲料中，连用 7 天。隔 3 天后再重复 1 次。

④ 杀球灵：按 1 毫克/千克浓度混入饲料中，连用 1～2 个月，可预防肝球虫病和肠球虫病。

⑤ 莫能菌素：按 40 毫克/千克浓度混入饲料中，用 1～2 个月，可预防肝球虫病和肠球虫病。

⑥ 盐霉素：按 50 毫克/千克浓度混入饲料中，用 1 个月，对兔球虫病有预防作用。

⑦ 地克珠利：按 10 毫克/千克浓度混入饲料中，用 1 个月，对兔球虫病有预防作用。

大多数药物对球虫的早期发育阶段有效，所以用药必须及时，当兔群中有个别家兔发病时，应立即使用药物对全群家兔进行防治。此外，要经常注意药物的交替使用，可预防球虫对药物产生抗药性。球虫病的流行季节内，对断奶后的仔兔，可在饲料中拌入药物（如杀球灵、氯苯胍、地克珠利、莫能菌素等），用以有效预防该病的发生。

2. 螨虫病

螨虫病又称兔疥癣病，是由兔疥螨及兔痒螨寄生于兔的体表而引起的一种体外寄生虫病，患病家兔以皮肤剧痒、发炎、形成痂皮、脱毛及消瘦等为主要特征，严重时可造成死亡，是家兔常见的、多发的、危害较大的寄生虫病。

（1）病原　病原为兔疥螨和兔痒螨。

（2）流行特点　多发生于秋、冬季及初春季节，因光照不足，兔舍潮湿、卫生状况较差、皮肤表面湿度较高的条件下，可造成严重流行。该病的传染源主要是病兔及被病兔污染的环境、兔舍、用具等，通过健康兔与病兔的直接接触或共享兔舍、用具等途径间接接触传播。

（3）症状　兔发生螨虫病时，首先表现剧痒，是贯穿本病前后的一个主要症状。兔舍温、湿度升高，痒感加剧。兔感染疥螨时，先在嘴、鼻孔周围及脚爪部位发病，病兔不停地用嘴啃咬脚爪，或用脚爪搔抓嘴及鼻孔处，病兔脚爪出现灰白色的痂块，病变逐渐向鼻梁、眼圈、前爪底面及后脚部蔓延，同时伴有消瘦及结痂，嘴唇肿胀，影响采食，迅速消瘦，最后衰竭死亡。兔感染痒螨时，病变耳道内，渗出物干燥后形成黄色痂皮塞满耳道，如纸卷样。病兔焦躁不安，耳朵下垂，不断摇头，用腿抓挠耳朵等。

（4）病理变化　主要表现在皮肤。在虫体的机械刺激及毒素作用下，皮肤发生炎性浸润、发痒，发痒处形成结节及水疱，当病兔啃咬或磨蹭时，结节、水疱破裂，流出渗出液，渗出液与脱落的上皮细胞、被毛及污垢混杂在一起，干燥后形成痂皮。痂皮被擦破后，创面有多量液体渗出，毛细血管出血，又重新结痂。随病情的发展，毛囊及汗腺受到损害，皮肤角质化过度，故患部脱毛，皮肤增厚，失去弹性而形成皱褶。

（5）诊断　由于兔螨虫病症状典型突出，皮肤病变明显可见；实验室检查时，采检样时在患部与周围健康皮肤的交界处，先剪毛、消毒，然后使刀刃与皮肤垂直进行刮取，直至皮肤轻微出血。将刮下的皮屑放于载玻片上，滴几滴煤油使皮屑透明，然后放上盖玻片，在低倍镜下观察。

（6）防治　预防本病应把好引种关，应隔离观察 15 天，确认无螨虫病时再合群饲养；兔舍要经常清扫，定期用杀螨虫药物消毒，保持干燥和良好的透光通风性；经常检查兔群，发现病兔及时隔离治疗，并对污染的环境进行彻底处理和消毒。对已确诊的病兔应及时隔离治疗。

目前常用的杀螨虫药物很多，每次治疗药结合全场大消毒。可选用虫克星（阿福丁）注射液：内含 1% 伊维菌素，用前可先用生理盐水作 10 倍稀释，然后按每千克体重 2 毫升稀释液颈部皮下注射，隔 1 周再注射 1 次即可痊愈；用 12.5% 的双甲脒按 1∶250 加水稀释成 0.05% 浓度的水溶液，患处洗净后涂擦"敌酒来"合剂，配制方法是敌百虫 2 份，75% 酒精 96 份，来苏尔 2 份，现用现配。局部剪毛、去痂，暴露新鲜组织后用药，治愈率 100%。

3. 豆状囊尾蚴病

本病是由豆状带绦虫的幼虫寄生于家兔的腹腔引起的一种寄生虫病。又称兔囊虫病。

（1）病原　豆状带绦虫，其成虫寄生在狗、猫的肠道内，狗、猫排出的粪便中含有大量的虫卵，家兔采食被这些虫卵污染过的饲草、饮水后，虫卵在兔的腹腔内发育成豆状囊尾蚴而发病。

（2）流行特点　兔场养狗，或采食猫、狗粪便污染过的饲草均可能被感染。

（3）临床症状　因感染轻重程度不同，临床症状表现不一，轻度感染，临床表现不明显，严重感染表现为食欲不佳、腹胀、消瘦、被毛粗乱、发育迟缓、贫血衰竭而死亡。

（4）病理变化　在胃肠网膜、肝、肾及腹壁可见数量不等的黄豆大小、水疱样的豆状囊尾蚴，肝的表面可见灰白色条纹，病情较重的腹水增多，肝肿大。

（5）防治　吡喹酮每千克体重100毫克口服，每天1次，连用3天。或用丙硫咪唑，每千克体重40毫克，每天1次，连用3天。兔场严禁养狗、猫，防止用猫、狗粪便污染过的饲料。

『专家提示』
兔场的免疫程序（推荐）

1. 仔兔的免疫程序

35～40日龄　兔病毒性出血症、多杀性巴氏杆菌病二联灭活疫苗
2毫升皮下注射；

50～55日龄　产气荚膜梭菌病（魏氏梭菌病）灭活疫苗
2毫升皮下注射

60～65日龄　兔病毒性出血症（兔瘟）灭活疫苗
1毫升皮下注射

30～35日龄　多杀性巴氏杆菌病灭活疫苗　1毫升皮下注射

40～45日龄　兔病毒性出血症（兔瘟）灭活疫苗
2毫升皮下注射

60～65日龄　兔病毒性出血症、多杀性巴氏杆菌二联灭活疫苗
2毫升皮下注射

70日龄　产气荚膜梭菌病（魏氏梭菌病）灭活疫苗
2毫升皮下注射

注：魏氏梭菌病的免疫预防时间可根据兔场发病情况适当安排。

　　2. 成年兔免疫程序（每年2次定期免疫，间隔6个月）

第1次　兔病毒性出血症、多杀性巴氏杆菌病二联灭活疫苗
　　　　　　　　　　　　　　　　　　　　1毫升皮下注射

产气荚膜梭菌病（魏氏梭菌病）灭活疫苗　　2毫升皮下注射

第2次　兔病毒性出血症、多杀性巴氏杆菌病二联灭活疫苗
　　　　　　　　　　　　　　　　　　　　1毫升皮下注射

产气荚膜梭菌病（魏氏梭菌病）灭活疫苗　　2毫升皮下注射

3. 肉兔免疫程序

(1) 商品肉兔（70日龄出栏）

35～40日龄　兔病毒性出血症、多杀性巴杆菌病二联灭活疫苗
　　　　　　　　　　　　　　　　　　　　2毫升皮下注射

或兔病毒性出血症（兔瘟）灭活疫苗　　　　2毫升皮下注射

(2) 商品肉兔（70日龄以上出栏）

35～40日龄　兔病毒性出血症、多杀性巴氏杆菌病二联灭活疫苗　　　　　　　　　　　　　　　　　　　　2毫升皮下注射

60～65日龄　兔病毒性出血症、多杀性巴氏杆菌病二联灭活疫苗　　　　　　　　　　　　　　　　　　　　1毫升皮下注射

或兔病毒性出血症（兔瘟）灭活疫苗　　　　1毫升皮下注射

（三）普通病

1. 母兔乳房炎

　　乳房炎是产仔母兔最为常见的一种疾病，多发生于产仔后2周内。

　　(1) 病因　常因母兔怀孕期间营养过剩，产仔后乳汁过多过稠；或因乳房不清洁、哺乳仔兔少、缺乏饮水及乳房外伤等，引起细菌感染而发生。

　　(2) 症状　主要是乳房肿胀发红，拒绝给仔兔哺乳，体温明显升高，轻者造成奶水不足，仔兔生长发育受阻，重者会使母兔乳房坏死或因败血症死亡。乳房炎大致可分为普通型乳房炎、乳腺炎和败血型乳房炎三种类型。

（3）防治

① 普通型乳房炎。乳房出现红肿，乳头发黑发干，皮肤有热感，轻者仍能给仔兔喂乳，但哺乳时间较短。防治方法是初期应将乳汁挤出，用硫酸镁温热溶液将乳房、乳头洗净，然后将芦荟软膏（红霉素软膏、青霉素软膏）均匀地涂抹在乳房患处，每天涂抹一次，2天便可痊愈。

② 乳腺炎。是脓菌侵入乳腺所致，初期乳房皮肤正常，不久可在乳房周围皮肤下摸到山楂大小的硬块；后期乳房皮肤发黑，形成脓肿，最后脓肿破裂，脓液流出。防治方法是用湿热毛巾热敷，同时用20万单位的青霉素（痢菌净2毫升注射液）配合地塞米松磷酸钠1毫升，分两次做肌内注射，每天早、晚各1次，连续注射3日。

③ 败血型乳房炎。初期乳房红肿，而后期呈现紫红发黑，并迅速延伸到整个腹部；病兔精神沉郁，体温升高，不食也不活动，一般发病4～6天内死亡，是家兔乳房炎中病症最严重、死亡率最高的一种。可在乳房患部用青霉素（或先锋霉素）做周边封闭注射，用鱼石脂软膏涂抹，口服磺胺类药物。

2. 兔胃肠鼓气病

（1）鼓气病的发病机理　主要是由于兔生理性的（或病理性的）造成胃和大肠内容物过多，蠕动迟缓，胃肠道内产生的气体不能排出，从而导致胃肠胀气。因为胀气又反射性地引起胃肠蠕动迟缓，所以一般都很难自身恢复。所以对鼓气病的治疗越早越好。在发病早期进行治疗会有一定疗效。

（2）症状　根据发病原因不同，其症状各不相同。表现为精神沉郁，食欲不振，饮欲增强，病程可达1～7天，腹胀程度也各有不同。

（3）病因

① 饲料因素。兔饲料配方不当会导致家兔鼓气病的发生，主要是由于粗纤维与能量、蛋白质搭配不合理所致。如饲料粗纤维不足和能量蛋白过高或原料选择不当，可导致家兔胃肠道蠕动不足，盲肠异常发酵，引起鼓气病。

② 环境与气候因素。家兔处于亚健康状况下，环境不良与气

候变化（骤冷骤热），会导致家兔消化能力弱，胃肠蠕动迟缓，导致食物在消化道停留时间过长，引起异常发酵而发生鼓气病。

③ 管理因素。养殖户管理不当也会加大鼓气病的发生概率。如饲喂不定时定量，家兔暴饮暴食，或大量无规律无节制饲喂含水分高的青草等。

④ 疾病因素。造成家兔鼓气症状的疾病较多，并且不同的季节和区域流行的情况差异很大，如兔瘟（特别是慢性兔瘟）、巴氏杆菌病、魏氏梭菌病、大肠杆菌病、球虫病等。不同的病原感染，有不同的病理变化，可依次进行诊断和防治。

（4）防治措施　对于已经明显表现出腹胀的病兔治疗意义不大。发病早期的兔可以采取灌服二甲硅油片或植物油，并辅以抗生素治疗，有较好的治疗效果。兔一旦腹围明显增大，肠胃严重受损则无治疗价值。

兔场发病后应迅速采取措施，首先控制尚未发病的兔，对于发病初期的兔可用以上方法治疗。同时控制其饲喂量，并迅速找到发病原因或病源，采取相应措施。由疾病原因所导致的胀气，可根据临床症状或实验室诊断，查出病原，找到敏感度高的药物，对于细菌性疾病可选用环丙沙星、氟苯尼考、痢菌净、阿莫西林、磺胺类等抗菌药物，对尚未发病的兔作饮水或饲料投药预防。

鼓气病的预防一是加强种兔和仔兔管理，增强其抗病能力。做到母兔有良好体况、充足的奶水，母兔与仔兔分笼饲养，把好仔兔的补料、断奶等关口。二是选择优质饲料。三是加强仔兔前期营养。四是加强环境卫生工作，给家兔一个安全舒适的环境，达到通风、干燥、安静等基本要求。

3. 兔便秘

兔便秘是临床上的常见病。主要病因是饲养管理造成肠道后段内容物停止移动、变干、变硬，致使排泄困难的一种腹痛性疾病。

（1）症状　病兔食欲减退或废绝，肠音减弱或消失。初期排出的粪球小且坚硬，以后则排粪停止，继而肠管胀满。有的病兔常常回顾腹部、引起不安。如果没有并发症，体温无变化。

（2）治疗　对病兔要绝食，多给饮水，并选用如下方法治疗：内服硫酸钠，成年兔每次5～6克，幼兔减半，每日2次。内服蓖麻油，成年兔 15～18 毫升，幼兔减半，加等量的温水，再加蜂蜜 10 毫升，一次灌服，每日 1 次，并进行腹部按摩。一般治疗 1～3 日即愈。

预防本病的关键是合理搭配青、精饲料。饲喂要定时定量，防止饥饱不匀。经常供给清洁的饮水。注意加强运动。

4. 兔腹泻病

（1）病因　腹泻病多数是由于喂给不清洁、霉败、冰冻饲料，或饮水不卫生，夏季不经常清洗饲槽，突然更换饲料，兔舍潮湿等引起的消化障碍性疾病。某些传染病如副伤寒、寄生虫病以及中毒性疾病等也有腹泻症状，但这些疾病除腹泻外，还有各自的固有症状，治疗时应同时治疗原发病，才能收到显著疗效。

（2）临床症状　根据胃肠黏膜受损程度不同，临床上分消化不良性腹泻和胃肠炎性腹泻。

① 消化不良性腹泻：胃肠道卡他性炎症，表现病兔食欲减退，精神沉郁，排稀软便、粥样便或水样便，经常污染被毛，失去光泽，病程长的渐渐消瘦，虚弱乏力，不爱运动。有的出现异食，采食泥沙，被毛或粪尿污染的垫草，有的轻度腹胀和腹痛。

② 胃肠炎性腹泻：由胃肠黏膜炎症引起的腹泻。病兔食欲废绝，全身无力，精神倦怠，体温升高，粪便稀薄如水，常混有血液和胶冻样黏液，恶臭味。腹部触诊有明显的疼痛反应。由于重度腹泻，体液和电解质丧失过多而呈现脱水和衰竭状态。

（3）病理变化　胃肠道卡他性炎症，黏膜增厚、充血，用刀子可以刮掉肠黏膜，肠内容物黄绿色。胃肠炎时，可见黏膜剥脱、出血，肠壁变薄，内容物呈红褐色。

（4）防治措施　消化不良性腹泻的治疗原则是：消除病因，改善饲养管理，恢复胃肠功能。轻症病例，随着调整饲料组成或更新变质饲料，症状可得到缓解。用硫酸钠或人工盐 2～3 克，加水 40～50 毫升内服，配合服用健胃剂，如大蒜酊、龙胆酊、陈皮酊 5～10 毫升来调整胃肠功能。

胃肠炎性腹泻的治疗原则是：杀菌消炎，收敛止泻和维护全身机能，可内服磺胺类药物，如磺胺嘧啶、磺胺脒等，初次量为 0.14 克/千克体重，维持量 0.07 克/千克体重，1 日 2 次，连服 3

天；或应用广谱抗生素，肌内注射，1日2次，配合内服鞣酸蛋白0.25克/次，1日2次，连用2～3天，起到收敛作用，严重的静脉注射葡萄糖盐水连用2～3天。

（5）预防　平时加强饲养管理，不喂霉败饲料，兔舍经常保持清洁、干燥、温度恒定、通风良好，饲槽定期刷洗、消毒，饮水要卫生，垫草勤更换。对刚离乳的幼兔一定做到定时、定量饲喂，防止过食。变换饲料应逐渐进行，使家兔有个适应过程。

5. 兔中毒病

（1）病因　家兔中毒多由采食农药污染的饲草、饲料，黄曲霉污染的饲料，饲料亚硝酸盐超标，消毒驱虫药剂浓度高和使用方法不当而引起。

（2）症状与治疗　中毒症状大多表现为流泪、流涎、腹痛、腹泻、兴奋不安、抽搐、痉挛、瞳孔缩小、呼吸急促、心跳加快等，死亡率高。

① 农药（有机磷）中毒。患兔精神沉郁，食欲废绝，肠蠕动增强，粪便变软，流涎吐沫，流泪，瞳孔缩小，呼吸急促，心律加快，肌肉震颤，间或兴奋不安，最后衰竭窒息死亡。剖检可见胃肠黏膜充血、出血、肿胀，黏膜易脱落，胃肠段闻到有机磷农药的特殊（大蒜）气味，治疗本病可用解磷定每千克体重15毫克，皮下或静脉注射，每天2～3次，连用2～3天；同时用硫酸阿托品每兔肌内注射1～5毫升，每隔4小时注射1次，直到症状消除；严重的配合10%葡萄糖10～20毫升静脉注射。

② 黄曲霉中毒。家兔一般呈急性发作，腹泻、流涎、粪便恶臭，混有黏液和血液，精神沉郁，体温升高，呼吸急促，运动受阻，最后衰竭死亡。剖检可见，胃肠黏膜脱落、出血、胸膜、腹膜、肾脏、心肌有出血点，肝肿大变性。治疗用0.1%高锰酸钾或2%碳酸氢钠洗胃、灌肠，口服5%的硫酸镁20毫升，同时配合肌注10%葡萄糖10毫升、维生素C 5毫升，1日1次，有一定的疗效。

③ 食盐中毒。家兔食欲减退，精神沉郁，结膜潮红，下痢，口渴，兴奋不安，头部震颤，步履蹒跚，重者癫拐痉挛，呼吸困难，最后昏迷死亡。在防治上采取饮水不加盐，日粮中含盐量控制

在 0.5％以内，并与饲料混合均匀。治疗时初期服用石蜡油 5～10 毫升进行排泄，已发生胃肠炎时，用鞣酸蛋白等保护胃肠黏膜的药。注意不能采用硫酸钠（镁）排泄。

6. 溃疡性脚皮炎

（1）发病原因　由于家兔长期饲养在粗糙笼底板造成兔脚损伤，加之粪尿和污物的长期浸渍而致，见于铁丝笼底长期饲养的大型兔。

（2）临床症状　病初表现为神经过敏、易于兴奋和频繁地跺脚。常于脚的底面和侧面皮肤上发生大小不等的局部性溃疡，表面覆盖干燥痂皮，有时发生继发性感染而出现痂皮下化脓，严重时可形成蜂窝组织炎。病兔厌食，行走困难，有拱背和走高跷样病态，四肢频繁交换，以支撑体重。

（3）预防　改进兔笼设计。兔笼应宽敞舒适，笼底应平整，给予柔软垫草，可在铁丝笼底板上垫铺竹底板。笼舍应保持清洁干燥。

（4）治疗　隔离病兔，患部用 3％的过氧化氢溶液冲洗后，除去坏死组织，然后涂擦红霉素软膏。若溃疡开始愈合时，可涂擦 5％龙胆紫溶液；如形成脓肿，可采用外科常规法排脓，并用青霉素、链霉素进行全身治疗。

7. 感冒

多因气候突变，或兔舍阴冷潮湿等引发兔感冒。

（1）症状　患兔轻度咳嗽，打喷嚏，流清水鼻涕或稠鼻涕，呼吸困难，精神不振，食欲减退，体温升高，如果护理不当，容易继发肺炎或出血性败血症。

（2）预防措施　保持室内清洁卫生，气温变化时要注意关闭门窗保温，若遇有大风降温天气，要及时在饲养室内生火，保持温度平衡，防止忽高忽低。单纯的感冒，内服阿司匹林片，每天 1 片，分 2 次服，连服 3 天。或内服安乃近片，每次 1～2 片，每天 2 次，连用 2～3 天，同时用滴鼻净滴鼻。也可取复方氨基比林注射液 2～4 毫升，青霉素按每只每次用 20 万国际单位，混合肌内注射，1 天 2 次，连注 2 天，以防治继发炎症。也可用柴胡注射液肌内注射，每天 2 毫升，每天 2 次，连注 2 天。

8. 兔毛球病

(1) 病因及症状 兔毛球病多见长毛兔。多由饲养管理不当，饲料中不常添加钙、磷、硫、食盐等矿物质和维生素等，满足不了兔的生长发育和长毛需要，导致其逐渐形成食毛癖。吞食兔毛后既无法消化，也不能被顺利地完全排出，愈积愈多，很容易形成大小不等、形状各异的毛球，造成胃阻塞。小的毛球经幽门进入肠道，易造成肠便秘。容易引起肠炎和胃肠鼓气。病兔食欲不振，爱喝脏水，喜卧，发育迟缓，日渐消瘦。

(2) 防治 加强饲养管理，保证全价料的供应，及时补充优质青干草。注意兔笼的清洁卫生。治疗时灌服植物油 5～10 毫升，同时内服多酶片 4～8 片，严重的可用温热的肥皂水灌肠，每日 2 次，1 次 50～100 毫升。

9. 兔胃肠炎

(1) 病因 兔胃肠炎是养兔生产中一种常见疾病，各种年龄的家兔、各种季节均可发生，其中幼兔发病最多，死亡率较高。其发病原因主要与家兔饮食不当有关，最常见的是吃了腐败变质饲料或冰冻饲料、饮水不清洁、变换饲料等。病程为 1～7 天，急性者数小时便死亡。

(2) 症状 病兔食欲减退，消化不良。腹泻、便秘或交替发生。粪便较稀，有的恶臭味呈绿色，有的呈乳白色胶样，有的还带有白色或黄色黏液。重症病兔极度衰弱，被毛混乱无光泽，全身无力，不爱活动，肚腹疼痛，蜷缩在一角不动。

(3) 治疗 根据病兔发病情况采取适当治疗措施。病兔发生便秘，可内服盐类泻剂，如内服人工盐 4～8 克；对因腹泻引起脱水的病兔要进行补液，可静脉注射 5％葡萄糖或林格液 50 毫升，上、下午各 1 次。对经过治疗身体正在恢复的家兔，可应用苦味健胃剂，如内服龙胆酊每次 1～2 毫升，或芳香性健胃药物，如内服陈皮酊每次 2～4 毫升。同时要限制采食，饲喂优质的青干草，并给予清洁饮水。对病情好转的兔，饲料喂量要逐渐增加，直到病兔完全恢复为止。

预防此病的发生，平时应禁喂冰冻饲料，不饮冻冰的水。经常注意饲料的质量，尤其是夏季，一旦发现饲料霉败变质，应立即停喂，及时更换饲料。喂兔的青绿饲料，要洗净晾干再喂，要防止青绿饲料上有农药或露水，保证家兔健康。

10. 无乳症

母兔无乳症是指母兔分娩后在哺乳期内出现无乳或少乳的一种综合征，是母兔围产期（指产前、产后的一段时间，包括产仔过程）出现泌乳阻塞或停止的一种病症，直接导致产后几天内成窝的仔兔的死亡。

饲料营养失衡是导致母兔无乳症的一个重要因素，母兔妊娠后期和哺乳期日粮蛋白质不足 10%，会普遍发生产后缺奶。

因此，在提高日粮蛋白质水平的同时，可用下列方法治疗。

（1）王不留行 20 克、党参 10 克，用淘米水煎成汤汁，稍凉后给母兔灌服，每日 1 次，连续灌服 3 次。

（2）山药 10 克、党参 10 克、穿山甲 8 克、猪蹄 50 克、当归 6 克，用水煎成汤汁，稍凉后给母兔灌服。

（3）人工催乳灵 1 片，每日 1 次，连用 3 天。

11. 妊娠毒血症

妊娠毒血症是孕兔妊娠后期常见的致死性代谢性疾病，发病率和死亡率都很高。经产兔和肥胖母兔多发，主要与营养失调和运动不足有关。品种、肥胖、年龄、胎次、怀胎过多、胎儿过大、妊娠期营养不良及环境变化等因素均可导致本病的发生。

妊娠毒血症是酮血症、低血糖、酸中毒和肝功能衰竭的综合征。

患兔可见精神沉郁，呼吸困难，尿量严重减少，呼出气体有酮味。死前可发生流产、共济失调、惊厥及昏迷等症状。血液学检查非蛋白氮升高，磷增加，钙减少，丙酮含量高。治疗原则是补充血糖，降低血脂，保肝解毒，维护心肾功能，先可静注 $25\% \sim 50\%$ 葡萄糖 20 毫升、维生素 C 2 毫升；肌注维生素 B_1、维生素 B_2 各 2 毫升。预防本病，可在妊娠后期防止营养不足，供给富含蛋白质和碳水化合物并易消化的饲料，不喂劣质饲料。同时应避免突然更换饲料及其他应激因素。

12. 异食癖、食仔癖

异食癖是由多种原因所致的代谢疾病，由一种或多种因素所致。家兔除了正常采食以外，还咬食其他物体，如食仔、食毛、食土等，这些现象多为营养代谢病，称之为异食癖。

（1）主要类型及病因　食仔癖是母兔产仔后，将其仔兔部分或全部吃掉。以初产母兔最多，多发生在产后3天以内。其主要原因有三：一是营养缺乏，尤其是蛋白质和矿物质不足，产后容易出现食仔现象。二是母兔在产前和产后没有得到足够的饮水，有可能将仔兔吃掉。三是产仔期间和产后受到噪声、震动或动物等的惊吓，多出现吃仔、咬仔、弃仔等现象。母兔一旦吃仔，有可能在以后形成癖性。

① 食毛癖：多数情况下患兔没有其他异常现象，开始仅见到个别家兔被毛不完整，会误认为是脱毛症，后来缺毛面积越来越大，有的整个被毛都被吃掉。吃毛的主要原因是饲料中含硫氨基酸（蛋氨酸和胱氨酸）不足，忽冷忽热的气候是诱发因素，以断乳至3月龄的生长兔最易发病。

② 食足癖：即家兔将自己的脚部皮肉吃掉。大多数发生于兔患有腿、脚部骨折、脚皮炎和脚癣等。这是由于腿部或脚部肌肉、血管、皮肤和神经受到一定损伤，造成代谢紊乱，使血液循环障碍，代谢产物不能及时排出，脚部末端炎性水肿，刺激家兔痛痒难忍而发生食足。

（2）预防食仔癖应保证营养、提供充足的饮水、保持环境安静和防止异味刺激等。母兔在没有达到配种年龄和配种体重时，不要提前交配。对于有食仔经历的母兔，产仔时和哺乳时要人工看护，一般来说，经过1周的时间，不会再发生食仔现象。

对食毛癖的家兔，应及时将患兔隔离，减少密度，并在饲料中补充0.1%～0.2%含硫氨基酸，添加石膏粉0.5%，硫黄1.5%，补充微量元素等。一般经过1周左右，即可停止食毛。

食足癖的关键在于预防，如保证笼底板平整，间隙适中，防止兔脚卡在间隙里造成骨折。还应积极预防脚皮炎和脚癣。

13. 兔中暑

炎夏高温多湿，通风不良，家兔食欲不振，饮水不足，体表散热慢，抗病力降低，而发生中暑，中暑对怀孕母兔和幼兔威胁很大。

（1）症状　家兔中暑后，食欲下降或废绝，全身无力，站立不稳，口腔、鼻腔、眼睑等可视黏膜潮红发绀，心率加快，呼吸困难，后出现精神症状，四肢发抖抽搐，流涎、吐沫，窒息死亡。剖检可见心肌瘀血，肺、喉头和气管黏膜充血，肝脏、肾脏肿大。

（2）防治　露天兔舍要搭设凉棚，不让阳光直射兔笼，室内大开门窗，让空气对流。毛用兔需将全身被毛剪短，兔舍不要太挤。室温超过30℃时，向笼舍地面洒水降温。早餐早喂，中、晚餐加喂麦麸水，晚餐迟喂，多喂青饲料，供足饮水，并在饮水内加入1%～2%食盐。

饲料多样化，以青饲料为主，精饲料为辅。母兔减食，泌乳量减少，要多给青绿饲草，保证清洁的饮水和营养丰富的精料，经常喂麸粥和海带汤。室内温度30℃以上时，应停止配种繁殖。兔舍内的粪便、污物每天要及时清理，保持兔舍安静，通风流畅；定期用0.1%～0.5%高锰酸钾对饲槽、水槽消毒，2%～3%来苏尔对地面或用具消毒。

发现兔中暑后立即把兔放到阴凉通风处，供给1%的盐水使其饮用，以冷水敷头或在耳静脉放出适量的血，然后灌十滴水3滴；仁丹3～5粒，薄荷水3～4滴，加5毫升水灌服；大蒜汁、韭菜叶或生姜汁滴鼻；把砖用水浸透，让兔趴在上面降温。

14. 兔的产后瘫痪

（1）原因及症状　母兔产后瘫痪的原因是由于饲喂单一饲料，日粮中钙磷比例失调；母兔泌乳量高，钙随乳丧失，血液中钙的浓度降低而导致。病初通常可见食欲减退或废绝，表现轻度不安。有的母兔表现神经兴奋性症状，头部及四肢痉挛，不能保持平衡，继而后肢开始瘫痪，不能站立，后期四肢麻痹，瘫卧于兔笼内。

（2）预防　日粮要合理搭配，防止饲料品种单一，长期在饲料中加入2%～3%的骨粉或1%～1.5%的贝壳粉，可预防钙、磷缺乏。治疗可静脉注射10%葡萄糖酸钙5～10毫升，每日1次，连用 2 天；肌内注射维丁胶钙注射液，每次 2～4 毫升，每日 1 次，连用 3 天；静脉注射葡萄糖酸钙 10 毫升，维生素 C 注射液 2 毫升，维生素 B_1 注射液 2 毫升，每日 1 次。

15. 母兔的不孕症

家兔不孕大致分为以下几种类型。

(1) 功能型不孕　兔年老失去繁殖能力，应选择 2 岁以内的种兔作为繁殖群；长期没有参与配种，母兔卵巢萎缩，造成暂时性繁殖机能丧失而不孕，可采取投喂麦芽或使用三合激素（肌内注射 1 毫升）、己烯雌酚（肌内注射 2 毫克）等促进发情，以激发卵巢活性。当母兔发情后，可用性欲强的公兔与之交配，经过反复几次交配刺激，多数母兔可以恢复繁殖能力；生殖器官疾病性不孕，如子宫发育不全、卵巢机能不全、卵巢炎、输卵管炎、子宫内膜炎、子宫蓄脓、阴道炎等，应及时淘汰这类种兔。

(2) 营养型不孕　主要是饲养管理不科学，饲草、饲料单一，日粮中缺乏必要的微量元素和矿物质，特别是蛋白质缺乏或母兔过肥、过瘦等造成母兔不孕。因此，在治疗预防过程中应注意饲草、饲料的多样化，以及添加适量的矿物质、微量元素。最好喂给全价配合饲料，也可在种兔配种前 15 天增加营养投入，如投喂一些煮熟的黄豆或豆渣等精饲料。对体况过肥或过瘦的母兔根据其体况进行相应的调整。

(3) 疫病性不孕　沙门杆菌、霉形体病、螺旋体病等也是引起母兔不孕症的重要原因。这些病原能在自然条件下传播，也可在自然交配情况下感染，发病兔有明显的临床症状。防治原则是早发现早治疗，及时淘汰，搞好兔舍环境卫生，做好消毒工作，加强营养，增强机体抗病力。

(4) 环境因素性不孕　光照与兔的性活动有着密切的关系。没有光照，或光照不足，将极大影响兔的繁殖。种母兔正常情况下每天需要 14～16 小时的光照，光照过长或不足都将影响其卵巢活动。兔的发情和配种受天气和温度影响非常大。阴雨、大雾或降雪可使处于发情期的母兔在短时间内停止发情。兔的繁殖适宜温度是15～25℃，冬季要控制在 5℃以上，才可以正常发情。

『专家提示』

近年来家兔疫病的特点

（1）群体发病，以流行病为主，如兔的巴氏杆菌病、兔波氏杆菌病、兔球虫病。

（2）混合型疫病感染增多，如兔的兔球虫病与巴氏杆菌病混合感染，兔瘟与巴氏杆菌病混合感染，兔的兔球虫病与兔巴氏杆菌病、兔波氏杆菌病混合感染。

（3）亚型疫病多见，多因饲料添加预防药量不足或者说是病原菌对药物的耐受性加大所致。

（4）病原菌易产生耐药性，使防治更加复杂化，用药剂量加大。

（5）疫病流行的季节性不明显。如兔球虫病过去是梅雨季节易发，而现在一年四季均可发生。

四、兔场的防疫、消毒与隔离

（一）家兔传染病的综合性防治措施

综合性的防治措施包括预防措施和扑灭措施两种：以预防传染病发生为目的而采取的措施，称为预防措施；以扑灭已经发生的传染病而采取的措施，称为扑灭措施。

1. 预防措施

（1）坚持"自繁自养"原则，查明、控制和消灭传染源。

（2）消毒、杀虫和灭鼠，以截断传染途径。

（3）加强饲养管理，以提高家兔对疾病的抵抗力。

2. 扑灭措施

（1）迅速报告疫情，尽快做出确切诊断。

（2）消毒、隔离与封锁疫区。

（3）治疗病兔或合理处理病兔。

（4）严密处理尸体。

（二）检疫

我国规定兔的检疫对象主要有有兔病毒性出血症、兔黏液瘤病、野兔热。

为了防止传染病的侵入，禁止从家兔传染病的疫区输入家兔，从无疫病的地区引种应按规定进行检疫，凭合格的"检疫证明书"才能出场。引进的家兔需隔离饲养 1 个月，进行全面检查，如果确属健康无病，才能混群饲养。如果发现有患传染病的家兔，即在指定的专门地点采取扑灭疫病措施。检疫场所（检疫室）应不邻近养兔场和饲料间，由专门人员负责饲养、看护被检疫的家兔，并遵守兽医卫生制度。在检疫室内应配备必需的用具，在检疫室门口要设置消毒槽。检疫室中的家兔粪便，应堆积经生物热消毒或掩埋起来。

（三）隔离和封锁

在发生传染病时，立即仔细检查所有的家兔，以后每隔 2～5 天至少要进行一次详细检查，根据检查结果，把家兔分成单独的兔群区别对待。

（1）病兔　指有明显临诊症状的家兔。应在彻底消毒的情况下，单独或集中隔离在原来的场所，由专人饲养，严加护理和观察、治疗，不许转出隔离场所，要固定所用的工具。入口处要设置消毒池，出入人员均需消毒。如经查明，场内只有很少数的家兔患病，为了迅速扑灭疫病并节约人力、物力起见，可以扑杀病兔。

（2）可疑病兔　指无明显症状，但与病兔或其污染的环境有过接触（如同群、同笼、同一运动场）的家兔。有可能处在潜伏期，并有排菌（毒）的危险，应在消毒后另地看管，限制其活动，详加观察。同时进行预防性治疗，出现症状时则按病兔处理。如果经 1～2 周后不发病者，可取消限制。

（3）假定健康兔　无任何症状，一切正常，且与前两类家兔没有明显接触。应分开饲养，必要时可转移场地。

（4）对污染物的处理　对病兔污染的饲料、垫草、用具、兔舍和粪便等进行严格消毒；应妥善处理尸体；应做好杀虫灭鼠工作。

（四）消毒

消毒是综合性防治措施中的重要一环，消毒的目的是消灭被传染源散布在外界环境中的病原体，以切断传染途径，阻止疫病继续蔓延。选择消毒剂和消毒方法时，必须考虑病原体的特性、被消毒物体的特性与经济价值等因素。在养兔场中根据具体情况采用下述消毒方法。

（1）对木制兔笼、用具等，可用开水或 2% 热碱水（碳酸钠溶液）烫洗。

（2）笼的金属部分和金属用具，可用喷灯火焰消毒，或浸泡在 2% 的火碱水中 30 分钟以上。

（3）对兔舍地面进行预防性消毒时，用 10%～20% 新鲜石灰水或 5% 漂白粉溶液喷洒地面，对运动场进行紧急消毒时，要在地面上充分洒上对病原体具有强烈作用的消毒剂，2～3 小时后，铲去表层土并洒上 10%～20% 石灰水或 5% 漂白粉溶液，然后垫上一层新土夯实，再喷洒 10%～20% 石灰水。经 5～7 天就可以将家兔重新放入。水泥地面，先消毒，后清洗，再消毒。

（4）对食槽、饮水器、喂草架、刮板等，可浸泡在开水或煮沸的 2%～5% 火碱水内 10～15 分钟以上。

（5）工作服等可放入 1%～2% 肥皂水内煮沸消毒。

（6）粪便可采用生物热消毒。

五、兔场常备的消毒药品及使用

（1）氢氧化钠（火碱、苛性钠）是常用的消毒药之一，可配成 2%～5% 溶液喷洒消毒。用热水配制或在溶液中加入 5%～10% 的食盐，可提高消毒效果。

（2）草木灰其有效成分是碳酸钠钾，配成 20%～30% 的溶液，其消毒效果与氢氧化钠相似。农村取材方便，但注意要新鲜、干燥。

（3）碳酸钠（食用碱）用热水配成 4% 的溶液洗刷或浸泡饲槽和饮水用具，亦可消毒兔舍。

（4）漂白粉是一种被广泛应用的消毒药，常配成 1%～5% 的溶液，用于地面和空气消毒。

（5）过氧乙酸是一种氧化剂。常用 0.5%～5% 的过氧乙酸溶液，对细菌、病毒、霉菌都有较好的消毒作用。

（6）甲醛溶液是刺激性较强的消毒剂，常配成 2%～4% 的水溶液，对工具、用具、兔笼、地面消毒。按每立方米空间用 28 毫升甲醛，对兔舍熏蒸消毒，消毒效果甚佳。因对呼吸道有刺激，所以不能带兔熏蒸，熏蒸消毒完毕将气体放出后才能将兔放入笼舍。

（7）次氯酸钠是一种新型的广谱消毒药，常用配成 0.3%～2% 溶液进行兔舍消毒。

（8）二氯异氰尿酸钠也是一种新型的广谱消毒药。市售商品名称有"强力消毒灵"、"灭菌净"、"抗毒威"。配成 1%～4% 的溶液对工具、用具、兔舍等进行消毒，对细菌和病毒均有显著的杀灭作用。

（9）苗毒敌（农乐）是一种复合酚的新型消毒药。0.5%～1% 的溶液对细菌和病毒均有很高的杀灭效果，也可每立方米 2 克熏蒸消毒。

（10）百毒杀是一种季铵盐类消毒药，对细菌和病毒都有较好的杀灭作用。2000 倍稀释液可对兔舍、兔笼、饮饲用具和工具进行消毒。

六、兔场常备的疫苗及使用

1. 兔瘟疫苗

用于预防兔瘟病。目前市售的多为组织灭活苗，是一种均匀的混悬液。对 1 月龄以上的断奶兔皮下注射 1 毫升，7 天产生免疫力，免疫期为 6 个月。成年种兔每年需接种 2 次。

2. 巴氏杆菌灭活苗

用于预防巴氏杆菌病。对 1 月龄以上的断奶兔皮下注射 1 毫升，7 天产生免疫力，免疫期为 6 个月。种兔每年接种 2 次。

3. 支气管败血波氏杆菌灭活苗

用于预防支气管败血波氏杆菌病。对产前 2～3 周的孕兔、配种时的青年兔、成年兔及断奶前一周的仔兔，一律皮下或肌内注射 1 毫升，7 天产生免疫力，免疫期为 6 个月。

4. 魏氏梭菌灭活苗

用于预防魏氏梭菌病。对 1 月龄以上的兔皮下注射 1 毫升，7 天产生免疫力，免疫期为 4～6 个月。种兔每年接种 2 次。

5. 沙门杆菌灭活苗

用于预防沙门杆菌病。对断乳前 1 周的仔兔、怀孕初期的母兔，以及青年兔、成年兔一律皮下或肌内注射 1 毫升。7 天产生免疫力，免疫期为 6 个月，种兔每年接种 2 次。

6. 大肠杆菌灭活苗

用于预防兔大肠杆菌病。对 20～30 日龄的仔兔，肌内注射 1 毫升，7 天产生免疫力，免疫期为 4 个月。

『专家提示』

（1）通常消毒药所配的浓度越高，杀毒能力越强，但是消毒药的毒性就越大，因此要慎重提高浓度。

（2）通常消毒环境的温度越高，消毒效果越好，兔舍密闭越好、越卫生干净，消毒越彻底。

（3）甲醛溶液、次氯酸钠溶液具有很强的刺激性，适合给空兔舍消毒。

（4）市售的许多疫苗对兔的保护期不及说明的长，因此应适当缩短两次免疫的间隔。

（5）一定要注意各种疫苗的保存条件，以及有效期。

（6）市售的许多兔瘟二、三联疫苗对兔瘟的保护性较差，对兔瘟必须在兔瘟的单联苗免疫后，方才可靠。

第七讲

养兔场的筹建、设计、设施和设备

本讲的知识要点：
- ✓ 养兔场筹建的条件
- ✓ 养兔场的选址要求
- ✓ 兔舍建造的基本要求

一、养兔场筹建的条件及要素

（一）兔产品的市场

兴办养兔场的目的是获得较好的经济效益，而经济效益是通过兔产品来完成的，养兔产品主要有兔肉、兔皮、兔毛，因此，这些兔产品的市场价格，以及市场销售的份额是我们筹建兔场之前必须完成的调研工作。

兔肉是珍贵的肉食品，其营养价值与消化率均居各种畜禽肉类之首。尽管其在国际市场是一种畅销的肉类，但是我国的兔肉加工出口企业太少，而国内市场受消费习惯的影响，形成区域性的消费格局，消费市场较大的有四川、重庆、广东、福建、上海、江苏、浙江以及一些经济发达的沿海城市。而除江苏和四川外，其余地区受自然环境条件，以及经济社会条件的制约，肉兔养殖的数量又相对很少，而养殖肉兔较多的省份，如山西、河北，兔肉的价格又很低，因此开拓国内兔的销售渠道，建立健康的产供销网络，是发展肉兔的先决条件。

兔皮是制裘的极好原料，尤其獭兔皮以其独特的性能，会在今后相当长的一段时间内,继续流行天下,称霸于毛皮行业。近几年我国的獭兔养殖业已走出误区,走向健康、理性的发展轨道,市场兔皮需求稳中有升,市场价位相对理想,因此獭兔养殖是一个理想的发展项目。

兔毛是高级的毛纺原料,我国的兔毛纺织品及兔毛原料在国际市场上一直享有较高的声誉,销售渠道较为成熟,兔毛的价位相对稳定,因此,毛兔养殖也是个好的养殖项目。

（二）家兔的生产管理技术来源

家兔的生产管理技术包括家兔的生产技术和管理技术。生产技术的主体是畜牧技术人员和兽医技术人员,能完成指导规模化养兔生产和兔病的防治;管理技术的主体是行政管理人员、财务管理人员、后勤管理人员及销售管理人员,能组织规模化养兔生产的整体良好运行。

（三）场地和资金来源

场地和资金是养兔场筹建的主要问题,本着花小钱办大事的原则,依据场地的大小、资金的多少,制定养殖规模,核算投资效益。资金的投入包括固定资金和流动资金,固定资金又包括场地的使用费、兔场的建设费、设施设备的购置费、引种费等,流动资金又包括饲料费、药物费、人员工资、水电费等。往往许多兔场的建设容易而忽略流动资金的到位,造成兔场刚投产而后续资金投入不足,严重影响兔场的正常运转,无形增加养兔场运行的成本。

二、场址的选择和建筑物的布局

（一）场址的选择要求

地势较高燥,有适当的坡度,地下水位低,排水良好、背风向阳;地形要开阔、整齐、紧凑,不宜过于狭长和多边角;土质以沙性土壤为宜;水质应符合畜禽饮用水的标准。环境要远离污染源和噪声源,距主要道路、市场、闹区、屠宰场等 500 米以外。

（二）建筑物的布局

1. 兔场要分区规划

办公生活区应与生产区分开，入口设置消毒设施；管理区应单独成区，与生产区隔开，包括饲料加工车间、维修车间、饲料库、变电室、供水设施等；生产区指兔场的主要建筑，即养兔区，包括幼兔舍、育成舍、繁殖舍、种兔舍等，种兔舍即核心群应放在最佳的位置，兽医隔离区应设于下风口和地势较低处，与其他区特别是生产区保持一定距离。

2. 兔场布局的基本原则

办公生活区应占全场的上风和地势较好的地段，依次为管理区，生产区建在这些区的下风向和较低处，但应高于兽医室和隔离舍等，并在其上风向。兔舍的朝向以坐北朝南为好，兔舍的间距应不少于舍高的 1.5～2 倍。场内道路分清洁道和污染道。道路应坚实，有一定的弧度，排水良好。场界防疫要求兔场周围要有天然防疫屏障或建筑较高的围墙，以防场外人员及其他动物进入场内。门口防疫要求兔场大门及各区域入口处，特别是生产区入口处，以及各兔舍门口处，应设相应的消毒设施。贮粪场（池）设在生产区的下风向，与兔舍保持 100 米以上的间距。兔舍前后、道路两侧规划绿化带。

三、兔舍的建造

（一）兔舍建造的基本要求

（1）符合家兔的生物学特性。

（2）要因地制宜，考虑投入产出比，一般而言，小型兔场 1～2 年、中型兔场 2～3 年、大型兔场 3～5 年应全部收回投入。

（3）基础是兔舍的地下部分。基础和地基必须具备足够的强度和稳定性。

（4）墙体是兔舍的主要结构。我国建造的兔舍，多用砖块垒砌，厚度，一般后墙多为 37 厘米，其他墙体为 24 厘米。

（5）舍顶及天棚是兔舍上部的外围护结构，要抵抗风和积雪等外力作用。一般屋顶高度和跨度的比为 1：(2～5)。近几年大多用彩钢板结构的屋顶，防护性能好，造价低。

(6) 兔舍地面要求高出舍外地面 20～30 厘米，多为混凝土结构。

(7) 兔舍的窗户主要用于自然采光和自然通风。通常设置前后窗户，其面积与地面面积比为 1：(10～15)。

(8) 排污系统包括粪尿沟、沉淀池、暗沟、蓄粪池等。

(9) 兔舍结构的比例。在寒冷地区一般高 2.5～2.8 米，炎热地区则应加大净高 0.5 米。兔舍跨度和长度，一般双列式 4 米左右，三列式 5 米左右，四列式 6～7 米。一般控制在 10 米以内。兔舍的长度以控制在 50 米以内为宜。

(二) 兔舍的建筑形式

(1) 敞开式兔舍　兔舍仅建立三面墙，其形式有棚式兔舍和塑料暖棚式兔舍。

(2) 半开放式兔舍　其形式有单列式半开放式兔舍和双列式半开放式兔舍。

(3) 封闭式兔舍　应用最为广泛，适合于各种兔的养殖。

(4) 其他形式的兔舍有窝棚式兔舍、山洞式兔舍、地窖式兔舍。

四、兔笼的构造

(一) 兔笼设计的基本要求

(1) 符合家兔的生物学特性，耐啃咬，耐腐蚀，可保持干燥卫生。

(2) 易清扫，易消毒，易维修，易更换，方便操作。

(3) 配置合理，笼门启闭方便，大小适中；饮水器和产仔箱最好配置在笼内或便于操作的地方。

(4) 可移动和可装卸的兔笼，力求轻便，坚固耐用，底网有一定柔韧性，力求平整，耐啃咬，保证粪便顺利排除，大小适中，满足兔的生理要求。选材尽量经济，造价低廉。

（二）兔笼的结构和大小

1. 兔笼的基本结构

一个完整的兔笼由笼体及附属设备组成。笼体由笼门、底网、侧网、笼顶及承粪板等组成。笼门有单双门之别。笼门宽度依笼的大小而定，一般 30～40 厘米，高度与笼前高相等或稍低。底网丝间隙 1.0～1.2 厘米为宜（用竹板条宽度一般为 2.5～3 厘米）。承粪板后沿要超出下层笼 5～8 厘米。

2. 兔笼大小

应因兔而易，种兔笼适当大些，育肥笼宜小些。大型兔应大些，中小型兔应小些。毛兔宜大些，皮兔和肉兔宜小些。炎热地区宜大，寒冷地带宜小。若以兔体长为标准，一般来说，笼宽为体长的 1.5～2 倍，笼深为体长的 1.2～1.5 倍，笼高为体长的 0.8～1.2 倍。成年种兔所需面积 0.25 米^2，生产母兔所需面积 0.25～0.50 米^2。

五、供料、供水及产仔箱设备

（一）饲料加工设备

根据养兔场的规模配置饲料加工设备，饲料加工设备包括饲料输送系统、饲草饲料粉碎机、饲料混合机、饲料制粒机。

1. 饲料混合机

包括立式混合机（又称垂直搅龙式混合机）和卧式混合机，卧式混合机有单室式和双室式两种。

2. 饲料压粒机

包括大功率的环模压粒机和小功率的平模压粒机。

（二）饲料槽

饲料槽是用于盛放配合料，供兔采食的必备工具。

（1）普通饲槽、大肚饲槽是以水泥或陶瓷为原料制作，适于小规模兔场使用。

（2）卡脖饲槽是以镀锌铁皮或塑料为原料制作，安装在笼门外侧。适于小规模兔场使用。

（3）翻转饲槽是以镀锌板制作，呈半圆柱状。以两端的轴固定在笼门上，适于中小规模兔场使用。

（4）自动饲槽又称自动饲喂器，兼具饲喂及贮存饲料的作用，多用于大规模兔场。

（5）草架是投喂粗饲料、青草或多汁料的饲具。

（三）供水系统

供水系统由水源、水泵、水塔、水管网和饮水设备组成。饮水设备包括过滤器、减压装置、饮水器及其附属管路。常用乳头式自动饮水器，乳头饮水器的安装高度要适宜。一般幼兔笼乳头高度8～10厘米，成兔笼乳头高度15～18厘米。遇到乳头滴漏水时，可用手指反复按压活塞乳头，以检查弹簧弹性，并排除积物。对滴漏不止、无法修理的应及时拆换。

（四）制作产箱应注意的问题

（1）选材应坚固，导热性小。

（2）产箱要有一定高度，以30～35厘米为宜，一般入口处以高10～12厘米为宜。

（3）产箱应尽量模拟洞穴，多建成封闭状态，上设活动盖，只留母兔出入孔。

（4）产箱大小要合适，产箱表面要平滑，无钉头和毛刺，保温性好，无异味。

（5）产箱按安放状态的不同分平放式、悬挂式和下悬式三种。

（五）供热设备

供热设备有热水式、热风式和局部供热式三种。局部供热式供热设备主要用于产仔间和仔兔培育室，热源如红外灯、热风器、电热板产箱等。降温设备有蒸发垫、喷雾装置、风扇及局部冷空气供应系统。

『专家提示』

(1) 目前市场上有专门化兔笼生产厂家，立体多层，价位相对较低，品种规格齐全，为冷拔丝网编结构。

(2) 毛兔养殖用笼多为立体多层、水泥板结构，很少有专门生产的厂家，且运输成本较高，自己生产价位较低，先根据兔笼的尺寸做水泥预制板，然后再造组合体。

(3) 大型兔和毛兔多采用竹片制作的笼底板，一笼一底板，方便拆卸。

(4) 种兔舍的面积应为立体多层兔笼面积的 4 倍，其他兔舍的面积应为立体多层兔笼面积的 3 倍。根据养兔的规模，确定养兔用笼多少，然后可确定兔舍的建筑面积。

第八讲

养兔场的环境卫生控制技术

● 本讲的知识要点：

√ 兔场环境卫生的内容
√ 兔场环境卫生的控制

一、兔场环境卫生的内容和控制

(一) 兔场环境卫生的内容

兔场环境卫生的内容是指影响家兔生长、发育、繁殖和生产等的一切外界因素，包括自然因素和社会因素。自然因素有温度、湿度、水质、光照、通风、海拔、土壤等；社会因素有周围环境的噪声、空气质量、病原微生物的污染等都直接或间接影响家兔的生长，因此兔场选址尤为重要。

由于家兔驯化较晚，个体小，各种感觉器官非常敏感，对外界环境变化所产生的应激反应大，所以环境条件对家兔产生的影响很大。高、低温的应激会使兔表现繁殖障碍，高湿应激会诱发传染病的发生，噪声会引起家兔的代谢紊乱、繁殖障碍。而影响家兔的环境因素往往又不是单一的，对家兔造成的危害作用又是叠加的，因此，了解和掌握影响家兔生产的各种环境卫生因素，可以有针对性地加以控制，尽可能地减小这些因素对家兔生产的影响，创造一个符合家兔生物学习性的理想环境，以提高家兔生产的经济效益。

（二）兔场环境卫生的控制

1. 隔离

隔离是控制家兔病原环境的常用方法，是将患病兔和疑似病患兔与健康兔群隔绝开来，利于进行单独饲养、治疗及防疫的方法。这也是控制传染病重要而常用的措施，其意义在于严格控制传染源，有效地防止传染病的蔓延。在发生传染病时要立即检查本场的所有家兔，将家兔分为不同的类群，做不同的处理。

（1）假定健康兔　无任何临床症状，对此类兔在做好紧急预防接种的同时，彻底清理场地卫生，严格消毒，专人饲养，及时观察，并将可疑病兔隔离出去。

（2）可疑病兔　与病兔及其污染的环境有过密切的接触，但没有临床症状，有可能处在传染病的潜伏期，对此类兔，必须迅速将其隔离出去，对其所占的笼位、用具及排泄物彻底消毒，并单人饲养、紧急接种和投药治疗，密切观察，对有临床症状的兔及时隔离出去。

（3）病兔　在彻底消毒的情况下将有临床症状的兔隔离在远离健康兔群的地方，专人饲养，加强护理和积极治疗，对隔离场所每日消毒两次，对其排泄物进行无害化处理，如少数病患兔，为节省人力、物力应及时扑杀。

2. 灭鼠与杀虫

由于鼠类是家兔许多传染病病原体的携带者和传播者，灭鼠工作显得尤为重要，灭鼠首先应从兔舍的建筑和环境卫生入手，消除鼠类藏身和活动的环境，积极采取各种方法直接灭鼠。蚊、蝇、蜱等吸血昆虫会侵袭家兔并传播疾病，因此，在家兔生产中，要采取有效的措施防止和消灭这些昆虫，安装纱门和纱窗，铲除周边杂草整理周边污水污物，周边环境喷洒一些对人和兔没有危害的杀虫剂。

3. 病死兔的处理

科学及时地处理传染病兔的尸体，对防止交通传染病的发生、有效避免环境污染和维护公共卫生意义重大。其处理方法有焚烧法和深埋法。焚烧法是一种传统的可靠的杀灭病原菌的方法，但容易污染空气；深埋法是一种简单的处理方法，但可能污染地下水。

4. 环境的消毒

消毒是兔场综合性防治措施的重要环节，是消灭家兔生活环境中的病原菌和切断传染途径的有效手段，养兔场必须制定切实可行的常规消毒制度和应急消毒制度。

5. 环境的绿化

绿化具有的调节兔场环境小气候的作用，特别是阔叶类的树，夏天能吸热遮阳，冬天能挡寒避风，同时可以起到净化空气，减少疫病和美化环境的作用。

二、兔舍小环境卫生的控制

（一）兔舍温度与温度控制

1. 兔舍高温及适宜环境温度

家兔的适宜温度范围是 $10\sim25℃$，这是家兔的临界温度。在临界温度时，家兔代谢率最低，热能消耗最少。当兔舍温度低于临界温度时，兔体散热增加，营养物质的代谢加强，饲料消耗量增大，兔的生长速度降低，繁殖率下降；当兔舍温度高于临界温度时，兔体散热受阻，体温升高，体内氧化作用加强，体内蛋白质和脂肪分解加快，营养物质的消耗增加，热应激造成消化功能降低，家兔采食量下降，兔的生长速度降低，繁殖率下降。

2. 保温防寒和防暑降温

兔舍建筑隔热效果的好坏，会直接影响兔舍内外温度差异，在建筑成本允许的情况下，要选择导热系数小、保温性能好的建筑材料。在地势较高的兔舍建筑，建造成半地下式的结构，其隔热保温效果十分理想。

北方地区在寒冷的冬季，要做好兔舍的保温防寒工作，小型兔场多采用火炉、火墙等简易的方式供热，大型兔场可采用水暖、气暖供热，窗户加封塑料薄膜层，门上加封门帘。

南方地区在炎热的夏季，要做好兔舍的防暑降温工作，门窗敞开，加强兔舍内的空气流动，窗户外遮阳，挂湿帘，清水冲洗地面，安装换气扇，降低饲养密度等。

（二）兔舍湿度和适宜环境湿度

1. 相对湿度

相对湿度是指空气中水汽压与饱和水汽压的百分比，即湿空气的绝对湿度与相同温度下可能达到的最大绝对湿度之比，兔舍适宜的相对湿度为 55%～65%，相对湿度的百分率越高，表明空气湿度越大，湿度往往伴随着温度对家兔产生影响。

2. 高温高湿、低温高湿、高温低湿

（1）高温季节，兔舍内的湿度越大，兔体散热越困难，家兔呼吸加快，维持需要增加，采食量降低，生长发育受阻，繁殖机能降低；高温高湿有利于病原菌的大量繁殖，家兔易感染各种疾病。

（2）低温高湿的环境，兔舍空气的导热性加强，兔体散热加快，即越湿越冷，对仔兔和幼兔的应激较大，同时家兔易患感冒和呼吸道疾病。

（3）高温低湿的环境，兔舍空中尘埃浓度增加，对兔的呼吸道刺激较大，易诱发呼吸道疾病。

3. 湿度的控制

高湿度会给家兔生产带来较大的危害，因此尽可能保持兔舍干燥。要严格控制用水，加强兔舍通风，及时清理兔粪尿，在梅雨季节，兔舍内定时撒生石灰。

（三）光照对家兔的作用及控制

1. 光照对繁殖有影响

兔舍内每天光照 14～16 小时，每平方米光照不低于 4 瓦，有利于繁殖母兔正常发情、妊娠和分娩。增加光照强度和时间，可明显提高母兔的受胎率和仔兔的成活率。

2. 光照对生长和被毛有影响

由于光照有助于性腺的发育，促进家兔性成熟。性机能亢进影响其采食和生长，因此，以弱光育肥能获得理想的效果。光照可刺激皮肤新陈代谢，有助于被毛的生长。据研究毛兔适宜的光照是每天光照 15 小时，每平方米光照 5 瓦。育肥兔以每天光照 8 小时为宜。

3. 光照对换毛有影响

家兔每年两次季节性换毛分别在 3～4 月和 9～10 月，也就是说，日照时间由短变长和由长变短，均发生被毛的脱换现象。由短变长时，开始生长夏毛，而由长变短时，开始生长冬毛。

4. 充足的光照可以保持兔舍干燥并抑制病原菌繁殖

阴暗的兔舍环境往往潮湿污浊，容易发生寄生虫病，而适当的光照对于疾病预防是有益的，尤其是寄生虫病（如疥癣病、球虫病）和真菌病（如皮肤霉菌病），与兔舍内的光照、湿度和温度有直接关系。光照不充足，湿度大，温度高，有助于这些疾病的发生和传染。冬季光照时间短，对母兔繁殖需要补充到 16 小时，夏季光照时间较长，对育肥兔需要缩短光照时间，可设置窗帘控制光照。

（四）其他环境因素

1. 有害气体

兔舍饲养密度较大、通风不良、兔粪尿清理不及时会造成兔舍内氨气、二氧化碳、甲烷、硫化氢及一氧化碳浓度超标。一是这些有害气体刺激呼吸道黏膜，诱发呼吸道疾病，刺激眼部黏膜，诱发结膜炎；二是造成空气中氧气浓度降低，诱发家兔代谢紊乱，继发代谢性疾病和细菌性疾病。因此，降低饲养密度、加强兔舍通风、及时清理兔粪尿，是控制有害气体超标的有效措施，尤其在冬季一定要做好兔舍的通风和保温工作，两者兼顾。

2. 噪声

噪声对家兔的听觉器官、中枢神经系统会造成病理性的变化和损伤，生长兔发育缓慢，兔群患病率和死亡率增加，妊娠母兔流产和死胚，哺乳母兔拒绝哺乳和食仔。因此，建兔舍时一定要避开噪声区，在平时的管理中，一定要保持兔舍内安静，要避免猫狗的惊扰，禁止非工作人员的进入。

3. 灰尘

兔舍灰尘包括空气中的尘埃、饲料饲草粉尘、被毛和皮肤的碎屑等，除直接刺激呼吸道，诱发呼吸道疾病外，还是许多病原体的载体，是家兔许多疾病的诱发因素。因此，加强兔舍通风，减少人为操作造成的饲料饲草粉尘，加强兔舍卫生常规管理和经常性消毒制度管理，是控制兔舍灰尘超标的有效方法。

三、兔粪尿的处理

1. 用作肥料

兔粪是一种高效的有机肥，最简易的方法是将其堆积发酵、腐熟，用于农田施肥。

2. 生产沼气

兔粪用来生产沼气，是大中型养兔场环境保护的一个切实可行的办法。生产的沼气可以用作燃料，每 10 千克的新鲜兔粪尿，可生产 1 米^3 的沼气，生产沼气的废液又是优质的有机肥。平时注重沼气池的日常安全管理，要保证沼气池不漏气、不漏水，将进料、出料、用气的管理常规化和制度化。

第九讲

兔场的经营管理

◉ 本讲的知识要点：

✓ 兔场的生产管理
✓ 兔场的营销策略
✓ 提高兔场兔场经济效益的措施

一、兔场经营的原则

（一）市场调研

市场调研是经营兔场或扩大养兔规模的重要先期工作，是制定经营决策的依据，重点着眼于兔产品特点，通过市场调查，结合自身条件，进行可行性分析，确定是否可以经营、发展规模多大为宜、预期效益等问题。通过市场调研，了解养兔生产目前处于什么阶段，生产是上升期还是下降期，是高潮还是低潮，兔产品（兔毛、兔肉、兔皮）价格如何，要对近几年的生产发展趋势有一个大概了解，然后决定是否经营和扩大规模，一般来讲，在低潮期后出现转机的初期上马比较理想，因为此时养兔投入较少，以后生产形势会越来越好，养兔效益会较高。

（二）技术论证

技术论证是经营兔场或扩大养兔规模可行性的依据，也是实施该项目的保障，因此要从兔场现有的技术力量、技术管理人员的管理水平、对兔场运行和发展的驾驭能力、养兔场现有技术工人的熟练水平、扩大规模所需技术工人的来源及岗位培训的预期等，结合资金实力来考虑发展的规模、速度及经营方式，使自己心中有数，量力而行，要确立科学的养兔观念，现代化的经营管理理念，切忌盲目发展，造成不必要的损失。

（三）经济分析

经济分析是兔场经营可行性分析的重要部分，其依据是目前投资项目（包括兔场建设的设施、设备、饲料、人工费用及兔产品）的市场行情，预测正常生产年的经营效益，计算投入资金的回报率，结合养兔市场的风险因素，测算项目运行的抗风险能力，一般理论测算资金的年回报率大于 30% 时，项目的抗风险能力较强，项目可行。

（四）适度规模

兔场规模大小的制约因素很多，除取决于兔场的技术水平、管理水平和兔场本身的设施设备外，更重要的是要适应市场需求。适应市场需求有个过程，很多兔场经营案例说明，并非兔场起步规模越大，效益越高，实际往往是中小型兔场经营灵活，有从生产到销售逐步向商品化、规模化、工厂化方向发展的过程，并产生了较好的经济效益。

二、兔场的生产管理

管理是适应生产需要而产生的，经营必须借助于管理来实现，离开了管理，经营活动就会产生紊乱，养兔场的管理也是如此。无论兔场大小，合理的兔群结构、周密的生产组织、明确的岗位责任、健全的规章制度等生产管理手段是实现兔场经营目标的措施，生产管理是否科学直接关系到养兔的经济效益。

（一）兔群结构的组成与调整

兔群是养兔的基本生产资料，是劳动对象和产品。合理的兔群结构，既能获得最多的兔毛、兔肉、兔皮，又能以最快速度扩大再生产，因此应该抓好这项工作。

种兔群大多采用自繁自育，种用公母兔比例一般为 1：8，种兔使用年限为 2.5 年，每年需更新种兔 1/2。更新换代不是简单地以青年兔来代替老兔，去满足维持原有兔群规模和生产水平的需要，而是一个以优良性状的兔来代替生产性能较低种兔的过程，也是兔群质量不断提高的过程。后备兔饲养量应是每年淘汰公母兔数量的 1.5～2 倍。以一个规模为 100 只种兔的小型兔场为例，公兔一般在 10～12 只，母兔 88～90 只，应培育后备兔 150 只以上，最好每年从上一级种兔场调剂 3～5 只种公兔来稳定和提高种群的生产性能。

（二）生产组织

管理的重点是求效率，管理的内容即组织与指挥。办好一个规模型兔场，得靠一个强有力的生产指挥系统，加强生产组织，建立起良好的生产指挥秩序。

1. 定岗定员

大中型养兔场一般分为繁殖群、育种后备群、商品群来进行管理，确定基本人员，定岗定员，制定技术操作规范和岗位职责，对职工进行业务考核，根据每个职工工作实绩，提供产品的数量、质量以及耗料等情况，确定劳动报酬，做到按劳分配，多劳多得，有奖有罚，千方百计地调动职工养兔生产的积极性，压缩非生产人员，提高生产水平和劳动效率，增加经济效益。

2. 岗位培训

饲养人员是养兔生产的主体，是起决定因素的，因此要重视提高他们的业务素质，一个兔场要落实各项技术措施，必须不断提高生产人员的业务素质，要加强岗位培训。要求每个生产人员掌握一般的科学养兔知识，了解兔的生物学特性、各个生长发育阶段的营养需要、所采取的饲养管理措施，从而使他们自觉遵守饲养管理操作规程，达到科学养兔的目的。

3. 规章制度

严格的场规、场纪是办好兔场的保证，每个兔场必须建立和健全各种规章制度，以规章制度来管理兔场。包括职工守则、出勤考核、水电维护保养规程、饲养管理操作标准、防疫卫生、仓库管理、安全保卫等各种规章制度，使全场每个部门每个人都有章可循，照章办事。

4. 卫生防疫

要使兔场生产、繁育工作按计划顺利进行，必须确保卫生防疫工作的正常开展，卫生防疫工作是生产管理中必不可少的重要组成部分。如果稍有疏忽，将会造成毁灭性的后果，因此必须制定切实可行的卫生防疫制度，如人员和车辆进出场制度，兔笼、兔舍、用具和场地定期消毒、卫生制度，消毒池和消毒用品管理，兔子免疫规程，引种入场检疫制度，病兔隔离和死兔处理制度等。

5. 生产统计

搞好生产统计工作是提高经营管理水平的一个重要环节，是对职工考核业绩和兑现劳动报酬的主要依据，搞好统计工作能及时掌握生产动态和生产任务完成情况，通过建立报表制度，搞好生产统计工作，能及时掌握生产动态和生产任务完成情况，通过建立报表制度，搞好生产统计工作，常用统计报表有商品兔的出栏、兔群变动、母兔配种、产仔、称重、转群、死亡、饲料消耗、卫生防疫、兽医诊断治疗、产品入库等各种报表。

（三）劳动定额与生产目标责任制

劳动定额也就是给每个职工确定劳动职责，做到责任到人。劳动定额是贯彻按劳分配的重要依据。在落实责任制时根据本场实际情况、设施条件、职工素质制定生产指标，指标要适当，在正常情况下经过职工努力，应有奖可得。生产管理知识对大中型兔场十分重要，对专业户兔场和千家万户的家庭养兔也有所帮助。

三、兔场财务管理

（一）生产成本项目

（1）直接生产费用　固定资产折旧费、种兔摊销费、饲料费、药物费、煤水电费、低值易耗品及维修费、职工工资和福利及其他。

（2）间接生产费用　经营管理人员的工资和福利、办公费用、交通差旅费、客户往来费用、企业宣传费用及其他。

（二）成本分析

成本分析是兔场财务管理的依据，通过对兔场所有支出费用进行分析对比，找出影响成本变化的原因和解决的方法，控制成本上升，充分利用现有的资源进行生产，实施降低成本的措施。

（1）合理安排工作岗位，充分调动岗位人员的工作积极性，提高工作效率，尽量减少人头费用的支出；提倡生产节约，减少饲料浪费；加强兔场卫生常规管理，提倡兔病以预防为主，减少药物支出费用；加强兔场设备的管理，多检查、勤维修，提高固定资产的利用率。

（2）建立合理的繁殖制度，加强兔场的防疫，以提高种兔的繁殖率和商品兔的出栏率，从而降低单只兔的生产成本。

（3）饲料是兔场的大宗开销，饲料原料价格受季节和购买数量影响较大，因此在原料相对便宜的秋季，囤积兔场全年所需大宗饲料原料，可相对降低饲料成本。

（4）建立稳定的兔场营销网络，降低营销成本，以提高销售收入。

（三）效益核算

（1）固定资产年折旧费

固定资产年折旧费=固定资产投资总额/固定资产的使用年限

（2）种兔年摊销费

种兔年摊销费=（种兔原值－种兔残值）/种兔使用年限

（3）单位种兔饲养日成本

单位种兔饲养日成本=种兔饲养总成本/种兔饲养日×只数

（4）单位商品兔饲养日成本

单位商品兔饲养日成本=商品兔饲养总成本/商品兔饲养日×只数

（5）兔场年效益

兔场收入=全年销售收入+（年末存栏兔数－年初存栏兔数）×
单只种兔或商品兔成本+饲料库存

兔场支出＝全年饲料、工资、水电煤、防疫药物等支出＋
　　　　固定资产折旧费
全年总利润＝兔场收入－兔场支出

（四）经费管理

经费管理的目的是合理分配资金，减少不必要的支出，提高资金的利用率。兔场资金根据用途不同可分为：用于兔场持续发展的资金、用于兔场正常生产周转的流动资金、兔场的抗风险资金、兔场的维修保养资金和其他资金。要分科目做好管理。

四、兔产品营销

兔产品营销就是把生产出来的家兔产品，包括种兔、兔毛、兔皮、兔肉以及其他可以利用的东西，通过一定的渠道销售出去，以获取应有的经济效益。也就是将兔产品，通过市场交换变为商品，为消费者所利用的一种过程。养兔就是要根据市场需要来组织生产，这就要考虑和研究现在和将来需要什么样的产品，要多少，什么时候通过什么渠道和方式销售，才能取得更好的效益。

（一）兔毛产品

兔毛是高级纺织纤维原料，是我国重要的出口商品，在国际市场占 90％以上。兔毛生产已由原单一的"刀剪毛"一种，细分为"粗毛型手拔毛、兔绒、刀剪统毛"三种，生产方式不同，价格也就不一样。就目前来说，粗毛型手拔毛一般每千克 180 元、兔绒160 元、刀剪统毛为 120 元。销售渠道也起了很大变化，原由当地供销外贸部门收购的，现多已向集中产区的兔毛市场交易。

我国兔毛原来几乎全部作为初级原料产品出口，随着我国毛纺技术的进步，大部分已加工成制品或半成品（毛纱）出口，这样兔毛生产者的销售渠道除通过市场流向出口经营单位和毛纺厂外，一些大中型兔场和兔毛生产基地就直接投向毛纺厂。不同规模场户生产的兔毛，通过不同环节的销售，收入也大有差别，目前国内发展了许多集养殖、收购、加工、销售为一体的生产企业，为兔毛的销售提供了可靠的保障。

市场价格升降，总要受供求价值规律的支配。产品多了，供过于求，价格就跌；价格低了，效益差，生产就减少，有时市场需求会增大，出现求大于供，价格就会复升。根据市场行情的这种变化，精明的饲养场户，当价格低到一定程度时，就会把兔毛贮存起来，有经济实力的还会向市场购进，再待机出售。信息灵，市场脉搏掌握好，这种场户和现产现卖的比起来，就可达事半功倍之效。

（二）兔肉产品

自 20 世纪 80 年代后，我国肉兔生产发展很快，现全国年产兔肉已在 40 万吨左右，而鲜冻兔肉出口由于多方面原因下降很多。因此，今后我国兔肉销售应先在国内市场开发，兔肉营养价值高，属"三高一低"的优质肉食品，在销售上有较大的竞争优势。兔肉消费在法国、意大利、西班牙等西欧国家，年人均达 3～5 千克，而我国即使按全部兔肉产量计，年人均约 0.3 千克，有很大的市场潜力。

目前，我国兔肉销售除四川、重庆较为普遍外（人均 5～6 千克），开放较早的广东、福建和一些大中城市以及农村都已有较快发展。随着人们生活水平的提高、食物结构的调整，兔肉制品将明显增多，适应妇女、儿童和老龄人消费需要的美容肉、益智肉、保健肉和小包装旅游食品以及城乡宾馆、饭店各种兔肉菜肴将会蓬勃兴起，销售渠道比兔毛将有更多机会可供选择，因此营销工作开展的好坏，对生产效益提高将起更大作用。

（三）兔皮产品

獭兔是新崛起的养殖品种，由于獭兔毛皮具有短、细、密、平、美、牢等特点，既可制成裘皮大衣御寒，又可制作童装、帽子、巾、手套及服饰镶边等，与水貂、狐皮等比较显得价廉物美，市场潜力很大。我国一些有识之士，从近年全球性气候转暖、野生毛皮动物日益减少和轻薄型裘皮兴起等实际出发，通过大量细致工作，经近 30 年坚持不懈的努力，将我国獭兔这一产业发展到皮肉兼利的阳光产业。

近几年发展獭兔生产势头比较好，还不断涌现出一批优质、高产、高效的大型集约化兔场，对我国獭兔整体养殖水平是一个重大推进。在营销上，这些大中型场多与制裘厂商直接挂钩，农村一般饲养场户也多由供种单位或毛皮商贩收购，销售环节和兔毛比较相对较少，饲养效益较好。如果今后能多在规范取皮、提高毛皮质量上多下工夫，增大优质兔皮的比例，獭兔皮完全有可能形成一个大的商品市场。

『专家提示』

（1）发展养兔，致力于兔产品营销，对提高养兔经济效益有着重要作用。

（2）开展兔产品营销，一切要以满足市场消费需要为依据；要重视信息，掌握市场动态；要重视产品质量，尤其肉兔的养殖要创造条件，向无公害养殖、绿色养殖发展，充分发挥潜在性能，以获得最佳经济效益为目的。

（3）规模化养兔必须实行"兔种优良化、饲料全价化、设备标准化、管理科学化、防疫系统化、产品营销网络化"。

五、提高养兔经济效益的途径与措施

提高经济效益是养兔生产的核心问题，进行收入和支出核算与分析是提高经济效益的重要手段。养兔收入主要包括出售种兔收入、出售兔产品（兔毛、兔肉、兔皮）收入、淘汰兔收入、兔粪收入及兔群扩大增值。不同类型兔场的收入类型和比例也不同，种兔场收入以出售种兔为主，商品兔场以出售兔产品为主。支出主要包括饲料费、人员工资福利（专业户自身的人工费可按社会平均劳动力计算）、引种费、防疫医药费、管理费、设备兔舍等折旧费、水电费等。

提高经济效益的途径，一是提高生产水平，实现增收；二是减少饲养费用，节省开支；三是把握好市场，做好产品营销。

（一）选择优良种兔，发挥良种效益

品种的优劣直接关系到养兔的效益，不同品系兔群之间生产性

能差异很大，饲养成本大致相同，产生的效益却大有差别，因此，在引进种兔时一定要注意品种质量。作为繁殖用的种兔一定要到二级场以上的种兔场引种，不要图价格低廉而购买劣质种兔。在本场选留种兔时要选优汰劣，把本场最优秀的个体留作种用，扩大优良兔群，杂交兔本身生产性能较好，但不能留作种用。

（二）科学饲养管理，发挥科技效益

科学的饲养方法，是提高养兔效益的重要一环，在生产上要采用科学饲养管理，尽可能地利用当地饲料、饲草资源，降低饲养成本，精心调制适口性好、营养平衡的饲料，以满足各类家兔的营养需求。严格执行兔场饲养管理常规，达到提高繁殖率、仔兔成活率兔场商品兔出栏率的目的。

（三）节约饲养成本，提高饲料利用率

饲料是家兔生长发育的养分来源，也是形成产品的原料。从兔产品成本分析，饲料费用一般要占整个生产费用的 60% 以上，农户养兔占的比例更高，所以对生产成本和经济效益的高低起着重要作用。因此，提高饲料利用率、节约饲料费用开支是提高养兔生产效益的重要途径。

1. 推广和应用颗粒饲料

家兔在生长发育、繁殖过程中对营养有不同的要求，为了达到好的经济效益，必须根据家兔生长规律，科学配制饲料。颗粒饲料配合比例适当，营养全面，采用颗粒饲料比自然单一饲料饲喂效益要高，可以减少疾病发生，提高繁殖率和生长发育速度，提高产品的产量和质量。规模兔场和农户养兔在应用颗粒饲料的基础上，可以适当搭配青饲料，以降低饲养直接成本。

2. 确保饲料利用率，减少饲料浪费

选择适度的饲料投入量是提高饲料利用率的重要方面，实践证明随着饲料投入量的增加，单位饲料对兔产品的转化率先递增后递减，提高单位饲料的转化率关系到最佳的饲料投入量，最佳的饲料投入量应通过实践在比较、核算基础上确定。如果颗粒饲料按标准配制，一般正常结构的兔群平均每只兔每天的饲喂量控制在 150 克

以内。

(四) 合理安排商品兔的养殖周期

生长兔养到一定时间,生长速度减慢甚至停止,生产性能降低,如果继续养下去效益降低,因此,肉兔养殖一定要充分发挥其3月龄前生长速度快的优势,争取早出栏快出栏。獭兔养殖也一定要抓好年龄性换毛期的营养,争取在5月龄取皮时达到最佳效果。毛兔长毛也有一定规律,养毛期超过3个月兔毛生长速度减慢,效果甚低,所以要合理安排养毛期,一般73天剪一次毛,一年剪5次,毛兔最佳产毛年龄1~2.5岁,3岁以后产毛性能下降,应及时淘汰。

总之无论肉兔、皮兔、毛兔生长发育,生产性能都有其规律,我们应掌握其规律加以科学饲养管理,才能产生好的效益。

(五) 适度经营规模,向合作经营方向发展

(1) 适度经营规模,合理筹措资金,革新笼舍,改进设施,以提高劳动效率。

(2) 走产业化发展的路子、提高抗风险能力。

(3) 向高端农产品——无公害养殖、有机养殖方向探索。

第十讲

无公害家兔生产技术

◎ 本讲的知识要点：

- ✓ 家兔无公害养殖的意义
- ✓ 无公害家兔生产应具备的条件
- ✓ 无公害家兔饲养管理技术规程

我国农业现已进入一个新的发展阶段，随着畜产品总量供求矛盾的基本解决和人们生活水平从温饱型向小康型转变，人们对畜产品的需求出现了多样化、优质化、健康化的趋势。然而随着我国畜牧业集约化生产规模的扩大和生产效率的提高，而畜产品的安全性却降低，畜产品公害事件频发，这也是目前全球畜牧业面临的一个共同问题。

我国养兔业也同样存在着饲料、兽药、添加剂的不合理使用，兔肉质量指标在出口贸易中屡屡受阻，兔肉安全成为制约养兔业健康发展的瓶颈，因此，家兔的无公害养殖是引导养兔业健康发展的途径。

家兔是草食家畜，饲料以草为主，饲养占地少，肉兔生产速度快，养殖周期短，饲养成本低，见效快，在农业产业结构调整中非常适合广大农村，特别是适合经济欠发达地区及边远山区，家兔养兔是我国农村经济创收的一项非常适合的项目。兔肉具有高蛋白、高磷脂、高氨基酸、高消化率、低脂肪、低胆固醇、低尿酸、低热量的优点，被誉为"保健肉"、"美容肉"、"益智肉"，种草养兔，既保护了生态环境，满足了兔子的习性及营养需求，又是生产无公害绿色兔产品的必然途径之一。

　　我国兔业经过对无公害养殖的探索，已经取得业界人士的共识，兔产品市场前景看好、养殖潜力大。家兔无公害生态养殖模式是全新无公害、环保、生态的现代科学养殖模式，具有易操作、风险低、养殖效益高的特点，符合国家推广政策，能有效推进养兔产业结构优化升级，家兔无公害生态养殖模式的推广，是以兔肉销售带养兔生产，以养兔生产带产业发展。这将有助于现阶段我国走出兔业发展的困境，是养兔业可持续发展的极佳模式。

一、无公害家兔生产应具备的条件

（一）引入种兔的原则

　　引入种兔的原则是按国家颁布的《种畜禽管理条例》、《种畜禽生产经营许可证管理办法》、《中华人民共和国动物防疫法》执行。要求做到正确选择引入品种，慎重选择个体，不到疫区引进品种，严格执行检疫制度，种兔场必须要有《生产经营许可证》、《种兔合格证》、《动物防疫合格证》，要考虑引入地与产地间的环境差异、引入品种的生产性能，妥善安排调运季节，要有引进品种的系谱和亲本生产性能记录。

　　1. 正确地选择引入品种

　　选择引入品种的主要依据是该品种具有良好的经济价值，并具有良好的适应性。适应性包括抗寒、耐热、耐粗饲以及抗病力强等性状。

　　2. 慎重选择个体

　　要注意品种特征、体质外形以及健康发育状况，特别是要加强系谱的审查，从引种角度讲，选择幼年健壮的个体，有利于引种的成功。

　　3. 严格执行检疫制度

　　不能在任何家兔发病的疫区引进兔种，所引兔种必须有检疫证书。

（二）引入种兔的检疫要求

　　1. 国外引入品种的检疫

应遵照《中华人民共和国出入境动植物检疫法》和《中华人民共和国出入境动植物检疫法实施条例》所列的条款执行。农业部为全国出入境动植物检疫工作的行政主管部门，由口岸的动植物检疫机关来执行。

2. 国内引入品种的防疫要求和检疫

国内引入品种的防疫要求和检疫应严格按《中华人民共和国单位防疫法》（1998.1.1）执行，由县级以上的地方人民政府畜牧兽医行政主管部门来执行。

（三）引入种兔饲养管理基本要求

（1）要对引入品种进行防疫隔离观察和风土驯化工作，从加强引进兔种对当地条件的适应性入手，稳定并提高其生产性能。

（2）对引入的品种要集中饲养，要尽量创造有利于引入品种性能发展的饲养管理条件，严格按照无公害家兔饲养的准则，制定科学的饲养管理制度。

（四）无公害家兔养殖场地应具备的条件

1. 兔舍的基础设施

（1）兔舍建筑应符合卫生要求，内墙表面光滑平整，地面和墙壁便于清洗，并耐酸、碱等消毒液。

（2）兔舍建筑保温隔热，兔舍内通风良好，舍温适宜，舍内空气质量应符合 NY/T 388—1999 的规定。

（3）按兔体型大小和使用目的配置不同型号的饲养笼。

（4）兔笼底网设计应防止脚皮炎的发生，应用材料为竹底板或热镀锌网。

2. 兔场环境

（1）兔场应建在干燥、通风良好、采光充足、易于排水的地方。

（2）兔场周围 1 千米内无大型化工厂、皮革厂、肉产品加工厂、屠宰场或其他畜牧厂污染源。

（3）兔场应距离干线公路、铁路、居民区和公共场所 0.5 千米以上，兔场周围应有围墙、绿化林带。

（4）兔场管理生活区与生产区应分区设置，生产区入口处应设门卫消毒更衣室。

（5）兔场应设有病兔隔离舍，设置隔离带，避免传染病的传播。

（6）兔场应设有焚尸炉及废弃物储存设施，防止渗漏、溢流、恶臭等污染。

（7）水源充足，清洁无污染。

（8）兔场内严禁饲养其他动物。

3. 技术力量配备

（1）从事兔场育种繁殖、饲养管理、疫病防治的技术人员具备相关专业学历，并经过无公害养殖专业培训。

（2）从事养兔场生产的工人应经过专业技术培训，能熟练掌握家兔生产全过程的基本知识和技能。

二、无公害家兔饲养管理技术规程

（一）家兔饲料使用准则

（1）饲料、饲料原料和饲料添加剂使用应符合 NY/T 471—2001 的规定。

（2）青饲料应清洁、无污染、无毒，晾干表面水分饲喂。

（3）应根据兔的不同生长阶段，按照营养要求配制不同的饲料。

（4）不使用霉烂变质、冰冻、农药污染、被黄曲霉或病菌污染的饲料，禁用肉骨粉、羽毛粉。

（5）饮水应采用人用自来水标准，水质应符合 GB 5749 的规定。

（二）家兔饲养管理准则

（1）饲养管理员应身体健康，无人畜共患病，每年进行一次健康检查。

（2）饲料以青粗饲料为基础，适量补加精料补充料。

（3）青绿饲料不应直接放在笼底网上饲喂，应在笼门上设置草架装置。

（4）料槽、饮水器、产仔箱等器具要保持清洁，要定期检查维修。

（5）日常清洁卫生。每天清扫兔笼，每周洗涮用具、换垫草、消毒；保持安静环境，严禁外人打扰。

（6）防鼠害，兔舍应有防鼠的措施，及时清除死鼠。

（7）兔只分类饲喂、分类管理。

① 种公兔。种公兔应一笼一兔，笼位层次应考虑配种方便；精液品质不佳的种公兔，必须在配种前 20 天左右改善饲料条件。饲料应易消化，适口性好。

② 怀孕母兔。不无故捕捉母兔，怀孕 5 天后单笼饲养；分娩前 5 天准备好产仔箱，注意观察母兔的表现，对不会拉毛的母兔应人工拉毛；按营养需要配合日粮。加强护理，防止流产。

③ 哺乳母兔。每天观察母兔的膘情和母兔乳房的状态；分娩后 3 天内多喂新鲜青绿多汁饲料，少喂精料，3 天后逐渐增加精料量。日粮结构和饲料喂量应根据泌乳状况及食量加以增减。

④ 仔兔。仔兔要早吃初乳、吃足常乳，并经常观察吃乳的情况，冬春寒冷季节要防冻，夏季炎热季节降温防蚊，平时防鼠害、兽害，保持垫草的清洁与干燥；15 天后母仔分笼饲养，每天定期哺乳一次；生后 18 天开始补料，均匀饲喂，逐渐增加，每天喂给 3～4 次；28 日龄仔兔应吃料为主，吃乳为辅，根据发育情况通常采取 30～35 日龄断奶。

⑤ 幼兔。按日龄大小、身体强弱分群，每笼 3～5 只，加强运动，多见阳光；饲料要易消化、体积小，喂量随年龄的增长而增加。

⑥ 育成兔。3 月龄以上的兔公母分群，一兔一笼；必须保证足够的优质干草、青绿多汁饲料。饲料喂量日均每兔 150 克以上。

（三）家兔防疫准则

（1）对兔病以防为主，生产过程符合 GB 16549 的规定，并严格执行《中华人民共和国动物防疫法》。

（2）建立综合的疾病防治制度和措施。

（3）建立科学合理的卫生防疫制度和免疫程序，按厂家提供的方法对疫苗进行正确保存和使用。

（4）主要防疫对象及方法

① 大肠杆菌多价灭活疫苗（预防大肠杆菌病）

仔兔 30 日龄前每只皮下注射 2 毫升。

② 兔瘟疫苗（预防兔瘟病）

仔兔 40 日龄时每兔皮下注射 1.5 毫升。

仔兔 60 日龄时每兔皮下注射 1.5 毫升（加强免疫）。

以后每隔 6 个月每兔皮下注射 1.5 毫升，或用兔瘟巴氏二联苗每兔皮下注射 2 毫升。

③ 兔多杀性巴氏杆菌病灭活疫苗（预防巴氏杆菌病）

仔兔 40 日龄时每兔皮下注射 1 毫升，或巴波二联苗 2 毫升。

以后每 4 个月注射一次（包括种母兔、种公兔、剂量同前）。

④ 家兔产气荚膜魏氏梭菌灭活疫苗（预防魏氏梭菌病）

仔兔 70 日龄时每兔皮下注射 2 毫升，以后每隔 6 个月注射一次（主要是种母兔、种公兔）。

（5）卫生消毒。

① 消毒剂。应选择对人和兔安全、对设备没有破坏性、没有残留毒性的消毒剂，所用消毒剂应符合 NY/T 472—2006 的规定。场地、物品、空气常规消毒用滴康消毒王 1∶1000 倍液或金碘 1∶500 倍液消毒。

② 消毒制度

a. 环境消毒：应每 2～3 周对周围环境消毒 1 次。每月对场内污水池、堆粪坑、下水道出口消毒 1 次。兔场、兔舍入口处的消毒池使用 2%的火碱溶液。

b. 工作人员消毒：工作人员进入生产区要更衣、换鞋，踩踏消毒池，接受紫外光照射。

c. 兔舍消毒：应在进兔前将兔舍打扫干净并彻底清洗消毒。

d. 兔笼消毒：应在放兔前用火焰喷灯对兔笼及相关部件依次瞬间喷射。

e. 用具消毒：应定期对料槽、产仔箱、喂料器等用具进行消毒。

（四）家兔用药准则

1. 禁用药物

（1）化学药物　氨丙啉、盐酸呋吗唑酮＋盐酸氨丙啉可溶性粉、盐酸呋吗唑酮＋泰乐菌素＋红霉素可溶性粉（复方泰乐菌素可溶性粉、泰乐加）、盐酸氨丙啉＋盐酸呋吗唑酮可溶性粉（水溶性富力宝）；盐酸呋吗唑酮、苯丙咪唑类（如氧阿苯哒唑、苯硫哒唑、噻苯咪唑酯）。

（2）所有激素类及有激素类样作用的物质　平喘药（又名羟甲叔丁肾上腺素、盐酸克仑特罗）、性激素、秋水仙碱、促性腺激素、同化激素。

（3）具有雌激素同样作用的物质（如已烯雌酚、玉米赤霉醇等）、催眠镇静药（如安定、安眠酮等）、肾上腺素药（如异丙肾上腺素、沙丁胺醇、多巴胺及 β-肾上腺素激动剂等）。

（4）出口动物到日本、欧盟市场禁用的药物

① 克球粉（二氯二甲基吡啶酚）、氯丙嗪、氨苯砜、二甲硝咪唑、呋喃唑酮、甲硝唑。

② 磺胺类药物：如磺胺嘧啶、磺胺二甲嘧啶、磺胺喹噁啉、磺胺间甲氧嘧啶、磺胺二甲基异噁唑或其钠盐、磺胺间甲氧嘧啶或其钠盐、喹乙醇。

③ 抗生素类药物：四环素族（如四环素、土霉素、金霉素）、庆大霉素、伊维菌素、阿维菌素、螺旋霉素。

2. 严格限定残留量的药物及其他污染物

消毒剂、农药及其他：甲酚、苯酚类；有机氯类（如六六六、滴滴涕、六氯苯）、有机磷类（敌敌畏、敌百虫、蝇毒磷）、氨基甲酸酯（甲萘威）、含重金属的药物（如铅、砷、镉、汞）。

3. 停药期

所有药物必须在出售前的 30 天内停用。

三、无公害家兔生产的认证和标志

1. 无公害农产品的管理机构

农业部农产品质量安全中心是由中央机构编制委员会办公室批

准成立、国家认证认可监督委员会批准登记、农业部直属正局级事业单位，专门从事无公害农产品认证工作，其主要职责是贯彻执行国家关于农产品质量安全认证认可及合格评分方面的法律、法规和规章制度；发布认证标志和认证产品目录；受理分中心认证审查报告，并向认证合格者颁发认证证书；办理无公害农产品标志的使用手续；负责无公害农产品标志使用的监督管理；接受无公害农产品认定结果备案；负责农业部农产品认证管理委员会的日常工作，下辖各省市省级无公害认证分机构。分机构负责各地的具体认证工作。

2. 无公害农产品的产地认证

（1）产地认定机构是各省、自治区、直辖市人民政府农业行政主管部门。

（2）申请产地认定的单位和个人向产地所在地县级农业行政主管部门提出申请，并提交以下材料。

① 《无公害农产品认定申请书》。

② 产地的区域范围、生产规模。

③ 产地的环境状况说明。

④ 无公害农产品的生产计划。

⑤ 无公害农产品质量控制措施。

⑥ 专业技术人员的资质证明。

⑦ 保证执行无公害农产品标准和规范的声明。

⑧ 要求提交的其他相关材料。

（3）审查

① 县级农业行政主管部门对申请人的申请材料进行形式审查。符合要求的出具推荐意见，连同场地认定申请材料逐级上报省级农业行政主管部门。

② 由省级农业行政主管部门通知申请人，委托具有资质的检测机构，对其场地环境按照标准进行现场检测和环境抽样检验。

（4）颁证　由省级农业行政主管部门对材料审查、现场检测、环境检验和环境现状评价进行全面评审，符合颁证条件的，颁发《无公害农产品产地认定书》。

（5）期限　《无公害农产品产地认定书》有效期为三年。期满后需要继续使用，证书持有人应当在有效期满3个月内重新办理。

（6）备案　省级农业行政主管部门在颁发《无公害农产品产地认定证书》后，将获得证书的产地名录报农业部和国家认证认可监督委员会备案。

3. 无公害家兔生产的认证程序

（1）申请　凡符合《无公害农产品管理办法》规定，生产产品在《实施无公害农产品认证的产品目录》内，具有无公害农产品产地认定的有效证书的单位和个人，直接或者通过省级无公害农产品认证归口单位向所属行业分中心进行申请，申请材料包括以下内容。

①《无公害农产品认证申请书》。

②《无公害农产品产地认定证书》、产地《环境检验报告》、《无公害农产品产地认定证书》和《环境现状评估报告》。

③ 产地区域范围和生产规模。

④ 无公害农产品生产计划和质量控制措施。

⑤ 无公害农产品生产操作规程。

⑥ 专业技术人员的资质证明及无公害农产品有关培训情况和计划。

⑦ 保证执行无公害农产品标准和规范的声明。

⑧ 申请认证产品上个生产周期的生产过程记录档案。

（2）审查

① 对场地进行现场检查，组织有资质的检查员和专家组成检查组。

② 对产品进行抽样检验，由有资质的检验机构执行。

（3）颁证　由中心主任签发《无公害农产品认证申请书》。

（4）核发标志　中心根据申请人生产规模、包装规格核发无公害产品认证标志。

（5）认证期限　《无公害农产品认证申请书》有效期为三年，期满如继续使用，证书持有人应当在有效期满3个月前重新办理。

4. 无公害家兔产品标志及管理

无公害农产品标志由绿色和橙色组成，其标志图案主要由麦穗、对勾和无公害农产品汉字组成。标志的整体为绿色，象征环保安全；麦穗和对勾为金色，象征成熟和丰收。麦穗代表农产品，对勾代表合格。

无公害农产品标志是由农业部和国家认证认可监督管理委员会联合制定并发布，是加施于获得全国统一无公害农产品认证的产品或产品包装上的证明性标识。

『知识链接』

（1）目前，我国经质量认证的安全食品有无公害食品、绿色食品和有机食品三类，是按照农产品的生产环境、生产要求和质量标准水平的不同来划分的。

（2）从高低层次依次为有机食品、绿色食品和无公害食品。无公害食品是绿色食品、有机食品发展的基础，有机食品是在绿色食品和无公害食品基础上的进一步提高。

附 录

附录一　家兔生理常数

体温/℃	38.5～39.5
呼吸频率/(次/分钟)	30～60
心率/(次/分钟)	130～320
体内血量/(毫升/千克)	57～70
放血量/(毫升/千克)	303～500
血糖/(毫克/100毫升血液)	75～150
红细胞/(百万/毫升血液)	4～7
白细胞/(个/毫升血液)	5～12
血小板/(个/毫升血液)	270～680
妊娠期/天	30(29～31)
泌乳期/天	30(30～60)
分娩后首次发情时间/天	1
日采食量/(克/千克体重)	50～55
日饮水量/(克/千克体重)	50～100
染色体数/条	44

附录二　全国注册种兔场一览表

场名	兔种	许可证号	负责人	电话
青岛康大兔业发展有限公司种兔场	伊普吕肉兔配套系、新西兰兔、加利福尼亚兔	鲁B110701	高岩绪 李明勇	053284139192 13361279509

续表

场名	兔种	许可证号	负责人	电话
安丘市绿洲兔业有限公司种兔场	伊拉肉兔配套系	鲁C080710	罗东 张法宝	05364322361 13964669333
金陵种兔场（南京市）	力克斯兔、布列塔尼亚兔、安哥拉兔	苏S0007001	潘雨来	02552701783 13951683979
江苏省农科院畜牧所种兔场（南京市）	苏系长毛兔、力克斯兔、新西兰兔	苏S0007003	顾洪如	02584390394
四川省畜牧科学研究院种兔场（成都市）	齐卡配套系、齐兴肉兔	川S0000701	万昭君 黄邓平	02884791379 13908060556
山东省农科院试验种兔场（济南市）	新西兰白兔	鲁A050701	张秀美 姜文学	053188606845 13805402349
河北北方学院实验牧场（张家口市）	塞北兔（培育品种）	冀1400187	史维军	13931335435
山西省农科院畜牧所试验种兔场（太原市）	新西兰白兔、伊普吕肉兔配套系、力克斯兔	晋AXD07001	任克良	03517094278 13703587199
四川省旭平兔业公司种兔场（成都市）	新西兰白兔、加利福尼亚兔、齐卡父母代	川A00707001	认旭平	02888227309 13808236559
福建大田县种兔场	齐卡兔、塞北兔、黑毛福建兔、青紫蓝兔	闽C00707024	卢芳仲	05987222098 13950929587
福建省连江玉华山自然生态农业试验场	福建黄兔	闽A00507042	陈璧 蔡树河	059126107824 13706989977
龙岩市通贤兔业发展有限公司	通贤乌兔（福建黑兔）	闽F00307032	廖春桃 陈仁河	05973591100 13507503899
福建省连城县兔业协会种兔场	福建黄兔、密州黄兔、豫丰黄兔、虎皮黄兔	闽F00019	周铭	05978922961 13328482978
四川省獭兔原种场	四川白獭兔（培育品系）	川O0000702	泽柏	13608087014
河北省阳原县兴盛种兔场（西城）	加利福尼亚兔、力克斯兔、法国公羊兔	阳原牧证07000030	王广义 王玉峰	03137398225 13831334992
浙江省嵊州市兴华良种兔繁殖场	德系安哥拉兔、嵊州白中王长毛兔（培育）	浙D040701	麻剑雄	057583367858 13906855976

场名	兔种	许可证号	负责人	电话
浙江省新昌县长毛兔研究所种兔场	法系安哥拉、浙系新昌长毛兔（培育）	浙 D050710	徐海明	057586023413 13605850855
山东蒙阴县振蒙种兔场	沂蒙巨型长毛兔（培育）	鲁 Q080736	苏德奎 苏孔元	05394837027 13562932626
四川省荥阳县荥经长毛兔核心场	荥经长毛兔	川 T00507013	郝克义 赵小平	08357826678 13908163434
浙江省平阳县金盛兔业有限公司	平阳粗毛型长毛兔	浙 C030701	谢传胜	057763801100 139006667730
江苏省太仓市金星獭兔有限公司种兔场	力克斯兔（美系、法系、德系）	苏 E040701	严宏生	051253262918 13906221995
四平市种兔场	吉戎兔（培育）	吉 C02407001	王本才	04343386596
荣成市玉兔牧业有限公司	力克斯兔（法系）	鲁 K030707	沈培军	06317775858 13326244789
安徽省固镇县种兔场	德系安哥拉、皖系长毛兔、美系力克斯兔	农牧字 000702	崔海才 赵凤传	05526970805 13905529738
安徽省农科院畜牧所原种兔场	德系安哥拉兔、皖系长毛兔、美系力克斯兔	皖 A000701	钱　坤 赵辉林	05515146065 13965064682
山西省襄汾县赵康育种兔场	美系力克斯兔	晋 LX077002	贺柱柱	13935711195
河北省阳原县开元种兔场	加利福尼亚兔、力克斯兔、法国公羊兔	阳原牧证 05000136	王玉婷 王玉峰	03137398225 15830318881
张北鑫源兔业有限公司种兔场	塞北兔、伊拉配套系	冀 Z070001	陆　鹏	18931316823

参 考 文 献

[1] 杨正. 现代养兔. 北京：中国农业出版社，2001.

[2] 谷子林，薛家宾. 现代养兔实用百科全书. 北京：中国农业出版社，2007.

[3] 张宝庆，谷子林，薛家宾. 养兔手册. 石家庄：河北科学技术出版社，1997.

[4] 张晓东，杜文兴. 无公害畜产品生产手册. 北京：科学技术文献出版社，2002.

[5] 张晓燕. 食品卫生与质量管理. 北京：化学工业出版社，2006.

[6] 杨凤. 动物营养学. 北京：中国农业出版社，1999.

[7] 中国养兔杂志，2008～2011.

欢迎订阅养殖专业科技图书

书号	书　　名	定价/元
16124	规模化兔场兽医手册	29.8
15810	獭兔高效养殖有问必答	20
13841	兔安全高效生产技术	23
13717	兔病误诊误治与纠误	25
13736	种草养兔手册	22
13622	养兔科学安全用药指南	25
12558	獭兔规模化高效养殖技术	19.8
12170	肉兔养殖与饲草栽培加工技术	18
11704	兔病速诊快治技术	18
11256	长毛兔高效养殖技术一本通	19.8
10673	土法良方治兔病	23
07979	獭兔高效养殖技术一本通	15
07388	怎样科学办好兔场	25
07020	兔病诊疗与处方手册	13.5
05020	兔病防治问答	13.5
08193	现代实用养猪技术大全	38
08413	香猪高效养殖技术一本通	25
15971	规模化猪场兽医手册	35
11992	兽医消毒实用技术	19.8
11739	兽医临床用药速览	36
09804	中国乡村兽医手册	60
13292	兽药手册（第2版）	120
09974	蝇蛆高效养殖技术一本通	15
08413	香猪高效养殖技术一本通	25
07980	山鸡高效养殖技术一本通	15
12827	黄粉虫高效养殖有问必答	15
12746	经济虫类高效饲养技术	19
12047	蝎子高效养殖与药物利用有问必答	16
07854	蜜蜂高效养殖技术一本通	15
04477	蚯蚓高效养殖技术一本通	15
02194	黄粉虫高效养殖技术一本通	13
13800	蜈蚣高效养殖技术一本通	16
13536	蚯蚓高效养殖有问必答	16